贵州草原
常见植物图鉴

赵学春 陈 超 韩 敏 彭 婧 金宝成 等 编著

中国林業出版社
CFPH China Forestry Publishing House

贵州草原常见植物图鉴

赵学春　陈 超　韩 敏　彭 婧　金宝成　等　编著

图书在版编目（CIP）数据

贵州草原常见植物图鉴 / 赵学春等编著. -- 北京 : 中国林业出版社, 2023.12

ISBN 978-7-5219-2480-0

Ⅰ. ①贵… Ⅱ. ①赵… Ⅲ. ①草原－植物－贵州－图集 Ⅳ. ①Q948.527.73-64

中国国家版本馆CIP数据核字(2023)第243679号

责任编辑：张　健

版式设计：视美藝術設計

出版发行：中国林业出版社

（100009，北京市西城区刘海胡同7号，电话83143621）

电子邮箱：cfphzbs@163.com

网址：http://www.forestry.gov.cn/lycb.html

印刷：河北京平诚乾印刷有限公司

版次：2023年12月第1版

印次：2023年12月第1次

开本：880mm×1230mm 1/16

印张：17.25

字数：490千字

定价：248.00元

《贵州草原常见植物图鉴》

编写人员名单

顾　问

张元鑫　唐隆强　张峻崧

主要编著者

赵学春　陈　超　韩　敏　彭　婧　金宝成

参编人员

周　华　张明均　李　舟　陈　洋　李中才

张宇涛　董　瑞　杨　丰　王　松　杨学东

李　莉　陈继辉　徐小强　谭伟华

野外调查人员

张瑶瑶　汪月凤　贺登明　张金平　魏军鹏

汪欢欢　帅洪刚　石廷帅　牛紫茎　简林业

刘　坤　齐　龙　张启波　沙春稳　李识君

蒙陈晨　毛虹敏　高　源　杨思琪　郭永莎

前　言

贵州省地处云贵高原东端，地势由西北向东南呈梯级下降，平均海拔 1100m。全省岩溶地貌发育典型，占国土面积的 73%。气候属亚热带湿润季风气候，受山地地形影响，复杂多样，西部属于暖温带，南部及西北部属南亚热带，其余地区随苗岭、武陵山、大娄山的抬升，从中亚热带逐步向北亚热带过渡。地带性土壤属红壤－黄壤地带。植被具有典型亚热带山地垂直地带性分异特征，草原具有地势起伏大、分布零散的特点，天然草原植被主要以山地草丛类、灌草丛类及少量低地草甸和山地草甸类为主。草原物种资源丰富，共有种子植物 203 科 1200 属 5000 余种，居全国前列。在维护长江、珠江上游地区生态环境和支撑贵州省草地生态畜牧业发展等方面具有重要作用。

本书自 2020 年初筹划，经过贵州省草原资源连续 3 年野外的调查、采集、鉴定和整理成稿，范围涉及贵州全省 11 市（州）87 县（区）的草原，收集植物照片 12000 余张，鉴定出草原植物 1048 种，本书选取 459 种常见花果期植物，未收录植物种列于附录。在贵州省科技计划项目（黔科合支撑〔2020〕1Y076 号和〔2021〕一般 503）、贵州省 2021 年和 2022 年草原资源专项调查监测项目等项目的资助及贵州省牛羊产业发展工作专班的支持下，结合编者多年的调查成果编著成此书。

全书按照石松类和蕨类植物、裸子植物以及被子植物分成三个部分，每部分按科名、科内属名、属内种名的首字母进行排序。参考《中国植物志》《贵州植物志》《中国高等植物彩色图鉴》《贵州石松类和蕨类植物志》等确定植物种名；参考《中国高等植物物种名录》《贵州维管束植物编目》等确定学名；正文部分介绍植物生活型、各器官形态特征、生境和功用价值等。

因编者水平限制，疏漏之处在所难免，望读者朋友提出宝贵意见和建议。

编者

2023 年 11 月

目 录

石松类和蕨类植物
Lycopodiopyta et Pteridophyta

石松

学名：*Lycopodium japonicum* Thunb. ex Murray

石松科 Lycopodiaceae 石松属 *Lycopodium*

多年生土生植物，高达40cm。匍匐茎细长横走，二至三回分叉，绿色，被稀疏的叶。侧枝直立；多回二叉分枝，稀疏，压扁状，枝连叶径5~10mm。叶螺旋状排列，密集，上斜，披针形或线状披针形。孢子囊穗（3）4~8个集生于长达30cm的总柄；孢子叶阔卵形，先端急尖，具芒状长尖头，边缘膜质，啮蚀状，纸质；孢子囊生于孢子叶腋，略外露，圆肾形，黄色。生于海拔100~3300m的林下、灌丛下、草坡、路边或岩石上。

井栏边草

学名：*Pteris multifida* Poir.

凤尾蕨科 Pteridaceae 凤尾蕨属 *Pteris*

植株高30~45cm。根状茎短而直立，粗1~1.5cm，先端被黑褐色鳞片。叶密而簇生，二型；不育叶柄较短，禾秆色或暗褐色，具禾秆色窄边，叶片卵状长圆形，尾状头，基部圆楔形，奇数一回羽状；能育叶柄较长，羽片4~6（10）对，线形，不育部分具锯齿；叶干后草质，暗绿色，无毛。全草入药，味淡，性凉，能清热利湿、解毒、凉血、收敛、止血、止痢。

蜈蚣凤尾蕨

学名：*Pteris vittata* L.
俗名：蜈蚣草、鸡冠凤尾蕨、蜈蚣蕨

凤尾蕨科 Pteridaceae 凤尾蕨属 *Pteris*

植株高0.2~1.5m。根茎短而直立，密被疏散黄褐色鳞片。叶簇生，一型；叶柄深禾秆色或浅褐色，幼时密被鳞片；叶片倒披针状长圆形，长尾头，基部渐窄，奇数一回羽状；不育的叶缘有细锯齿；叶干后纸质或薄革质，绿色；侧生羽片向顶部为多回二叉分枝，成为密集的鸡冠形。孢子囊群线形，着生羽片边缘的边脉；囊群盖同形，全缘，膜质，灰白色。广布于我国热带和亚热带。为钙质土及石灰岩的指示植物。

猪鬃凤尾蕨

学名：*Pteris actiniopteroides* Christ
俗名：猪鬣凤尾蕨

凤尾蕨科 Pteridaceae 凤尾蕨属 *Pteris*

植株高5~30（60）cm。根茎短而直立，被全缘黑褐色鳞片。叶密而簇生，一型或近二型；叶柄连同叶轴均栗褐色；叶片长圆状卵形或宽三角形，一回羽状；不育叶片有侧生羽片1~2对，对生；能育叶片通常有侧生羽片2~4对，对生；叶干后厚纸质，暗绿色。孢子囊群线形；囊群盖同形，薄膜质。生于裸露的石灰岩缝隙中，海拔600~2000m。为旱生好钙植物，由于生境的不同，形体差异甚大。

铁线蕨

学名：*Adiantum capillus-veneris* L.
俗名：银杏蕨、条裂铁线蕨

凤尾蕨科 Pteridaceae 铁线蕨属 *Adiantum*

多年生蕨类。根状茎横走。叶薄草质；叶柄栗黑色，仅基部有鳞片；叶片卵状三角形，中部以下二回羽状，小羽片斜扇形或斜方形，外缘浅裂至深裂，裂片狭，不育裂片顶端钝圆并有细锯齿；叶脉扇状分叉。孢子囊群生于由变质裂片顶部反折的囊群盖下面；囊群盖圆肾形至矩圆形，全缘。常生于流水溪旁石灰岩上或石灰岩洞底和滴水岩壁上，海拔100~2800m。为钙质土的指示植物。

小叶海金沙

学名：*Lygodium microphyllum*（Cavanilles）R. Brown

海金沙科 Lygodiaceae 海金沙属 *Lygodium*

攀缘蕨类，植株高攀5~7m。叶轴纤细如铜丝，二回羽状；羽片多数，相距7~9cm，羽片对生于叶轴距，距长2~4mm，顶端密生红棕色毛；不育羽片生于叶轴下部，长圆形；叶脉清晰，三出，小脉二至三回二叉分歧，斜上，达锯齿；叶薄草质，干后暗黄绿色，两面光滑。孢子囊穗排列于叶缘，达羽片先端，5~8对，线形，长3~5（10）mm，黄褐色，光滑。产溪边灌木丛中。

渐尖毛蕨

学名：*Cyclosorus acuminatus*（Houtt.）Nakai

金星蕨科 Thelypteridaceae 毛蕨属 *Cyclosorus*

植株高70~80cm。根茎长而横走，顶端密被鳞片。叶2列疏生；叶柄长30~42cm，褐色，向上深禾秆色，有1~2毛，无鳞片；叶片长40~50cm，中部宽14~17cm，长圆状披针形，二回羽裂；羽片13~18对，柄极短；裂片18~24对，近镰刀状披针形，全缘；叶脉明显，每裂片侧脉7~9对。孢子囊群小，生侧脉中部，每裂片8~10对；囊群盖中等大，棕色，厚膜质，无毛，宿存；孢子囊群生于侧脉中部以上，每裂片5~8对；囊群盖密生柔毛，宿存。生于溪边杂木林下。

披针新月蕨

学名：*Pronephrium penangianum*（Hook.）Holtt.

金星蕨科 Thelypteridaceae 新月蕨属 *Pronephrium*

植株高1~2m。根茎长而横走，偶有1~2棕色鳞片。叶疏生，叶柄褐棕色，向上淡红色，叶片长圆状披针形，奇数一回羽状，叶干后纸质，褐色或红褐色，光滑。孢子囊群圆形，生于小脉中部或中部稍下，在侧脉间成2列，每列6~7枚。群生疏林下或阴地水沟边，海拔900~3600m。根状茎治崩症，叶治经血不调。

芒萁

学名：*Dicranopteris pedata*（Houttuyn）Nakaike
俗名：铁芒萁

里白科 Gleicheniaceae 芒萁属 *Dicranopteris*

植株高0.45~0.9（1.2）m。根茎长而横走，密被暗锈色长毛。叶疏生；叶柄长24~56cm，棕禾秆色，基部以上无毛；叶轴一至二回二叉分枝，一回羽轴长约9cm，被暗锈色毛，后渐光滑，二回羽轴长3~5cm；腋芽卵形，被锈黄色毛，芽苞卵形。孢子囊群圆形，1列，着生基部上侧或上下两侧小脉弯弓处，具5~8个孢子囊。生于疏林下或火烧迹地上。

贯众

学名：*Cyrtomium fortunei* J. Sm.
俗名：山东贯众、宽羽贯众、多羽贯众

鳞毛蕨科 Dryopteridaceae 贯众属 *Cyrtomium*

植株高25~70cm。根茎粗短，直立或斜升，连同叶柄基部密被宽卵形棕色大鳞片。叶簇生，叶柄禾秆色，叶片长圆状披针形，奇数一回羽状，侧生羽片披针形，或多少呈镰刀形，基部楔形，顶生羽片窄卵形，下部有时具1~2浅裂片；羽状脉，侧脉连结呈网状；叶纸质，两面光滑。孢子囊群圆形，背生内藏小脉中部或近顶端；盾状囊群盖圆形，大而全缘。生于空旷地石灰岩缝或林下，海拔2400m以下。

两色鳞毛蕨

学名：*Dryopteris setosa*（Thunb.）Akasawa

鳞毛蕨科 Dryopteridaceae 鳞毛蕨属 *Dryopteris*

植株高35~60cm。根茎粗短，直立或斜升，密被黑色或黑褐色窄披针形鳞片。叶簇生，叶柄基部以上达叶轴密被褐棕色卵状披针形毛状鳞片；叶片卵形或披针形，三回羽状，羽片互生，具短柄，叶近革质，干后黄绿色。孢子囊群近小羽片及裂片主脉着生；囊群盖圆肾形，棕色，全缘或具睫毛。

乌蕨

学名：*Odontosoria chinensis* J. Sm.
俗名：乌韭

陵齿蕨科 Lindsaeaceae 乌蕨属 *Odontosoria*

植株高达65cm。根状茎短而横走，粗壮，密被赤褐色的钻状鳞片。叶近生，叶柄禾秆色至褐禾秆色，有光泽；叶片披针形，先端渐尖，基部不变狭，四回羽状；叶坚草质，干后棕褐色，通体光滑。孢子囊群边缘着生，每裂片上1枚或2枚，顶生1~2条细脉上；囊群盖灰棕色，革质，半杯形，宽，与叶缘等长，近全缘或多少啮蚀，宿存。生于林下或灌丛中阴湿地，海拔200~1900m。

木贼

学名：*Equisetum hyemale* L.

木贼科 Equisetaceae 木贼属 *Equisetum*

大型植物，高达1m或更多。根茎横走或直立，黑棕色，节和根有黄棕色长毛。地上枝多年生；枝一型，中部径（3）5~9mm，节间长5~8cm，绿色，不分枝或直基部有少数直立的侧枝；鞘齿16~22枚，披针形，小，长0.3~0.4cm。孢子囊穗卵状，长1.0~1.5cm，径0.5~0.7cm，顶端有小尖突，无柄。

披散问荆

学名：*Equisetum diffusum* D. Don

俗名：散生木贼、披散木贼

木贼科 Equisetaceae 木贼属 *Equisetum*

中小型蕨类；高10~30（70）cm，节间长1.5~6cm，绿色，下部1~3节间黑棕色，无光泽，分枝多。根茎横走，直立或斜升，黑棕色，节和根密生黄棕色长毛或无毛；地上枝当年枯萎；枝一型；主枝有4~10脊，脊两侧隆起成棱伸达鞘齿下部，每棱各有1行小瘤伸达鞘齿；鞘筒窄长，下部灰绿色，上部黑棕色；鞘齿5~10枚，披针形；侧枝纤细，较硬，圆柱状，有4~8脊。孢子囊穗圆柱状，顶端钝，成熟时柄长1~3cm。分布海拔可达3400m。

顶芽狗脊

学名：*Woodwardia unigemmata*（Makino）Nakai

俗名：生芽狗脊蕨、顶芽狗脊蕨、单芽狗脊

乌毛蕨科 Blechnaceae 狗脊属 *Woodwardia*

植株高达2m。根茎横卧，黑褐色，密被棕色披针形鳞片。叶近生，叶柄基部褐色，密生鳞片，向上棕禾秆色，叶片长卵形或椭圆形，基部圆楔形，二回深羽裂；叶干后棕色或褐棕色，革质。孢子囊群粗线形，着生窄长网眼，陷入叶肉；囊群盖同形，成熟时开向主脉。生于疏林下或路边灌丛中，喜钙质土，海拔450~3000m。

苏铁蕨

学名：*Brainea insignis*（Hook.）J. Sm.

乌毛蕨科 Blechnaceae 苏铁蕨属 *Brainea*

根茎短而粗壮，木质，主轴直立圆柱状；高达1.5m，径10~15cm，单一或分叉，顶部与叶柄基部均密被鳞片，鳞片线形，长达3cm，钻状渐尖，边缘略具缘毛，红棕色或褐棕色，有光泽，膜质。叶略二型，簇生主轴顶部；叶片椭圆状披针形，长0.5~1m，一回羽状，羽片30~50对；叶脉两面明显，单一或二至三回分叉。孢子囊群着生主脉两侧小脉，成熟时渐散布主脉两侧至密被能育羽片下面。生于山坡向阳地方，海拔450~1700m。

紫萁

学名：*Osmunda japonica* Thunb.
俗名：矛状紫萁

紫萁科 Osmundaceae 紫萁属 *Osmunda*

植株高50~80cm或更高。根茎粗短，或稍弯短树干状。叶簇生，直立；叶柄长20~30cm，禾秆色；叶片三角状宽卵形，长30~50cm，宽20~40cm，顶部一回羽状，其下二回羽状；羽片3~5对，斜上，奇数羽状；小羽片5~9对，对生或近对生；叶脉两面明显，自中肋斜向上，二回分歧。能育叶与不育叶等高，或稍高，羽片与小羽片均短，小羽片线形，长1.5~2cm，孢子囊密生于小脉。生于林下或溪边酸性土上。

裸子植物
Gymnospermae

侧柏

学名：*Platycladus orientalis*（L.）Franco
俗名：香柯树、香树、扁桧、香柏、黄柏

柏科 Cupressaceae 侧柏属 *Platycladus*

乔木，高达20m。幼树树冠卵状尖塔形，老则广圆形。树皮淡灰褐色。生鳞叶的小枝直展，扁平，排成一平面，两面同形。鳞叶二型，交互对生，背面有腺点。雌雄同株，球花单生枝顶；雄球花具6对雄蕊，花药2~4；雌球花具4对珠鳞，仅中部2对珠鳞各具1~2胚珠。球果当年成熟，卵状椭圆形，长1.5~2cm，成熟时褐色；种子椭圆形或卵圆形，长4~6mm，灰褐或紫褐色，无翅，或顶端有短膜，种脐大而明显；子叶2，发芽时出土。用材，种子与生鳞叶的小枝入药，庭园树。

圆柏

学名：*Sabina chinensis*
俗名：珍珠柏、红心柏、刺柏、桧、桧柏

柏科 Cupressaceae 圆柏属 *Sabina*

乔木。树皮深灰色，纵裂，成条片开裂。幼树的枝条通常斜上伸展，形成尖塔形树冠，老则下部大枝平展，形成广圆形的树冠；小枝通常直或稍成弧状弯曲，生鳞叶的小枝近圆柱形或近四棱形，径1~1.2mm。叶二型，刺叶生于幼树之上，老龄树则全为鳞叶，壮龄树兼有刺叶与鳞叶。雌雄异株，稀同株，雄球花黄色，椭圆形，长2.5~3.5mm，雄蕊5~7对，常有3~4花药。球果近圆球形，被白粉或白粉脱落，有1~4粒种子；种子卵圆形。喜光树种，喜温凉、温暖气候及湿润土壤。可选用造林。

红豆杉

学名：*Taxus wallichiana* var. *chinensis*（Pilger）Florin
俗名：观音杉、红豆树、扁柏、卷柏

红豆杉科 Taxaceae 红豆杉属 *Taxus*

乔木，高达30m。1年生枝绿色或淡黄绿色，秋季变成绿黄色或淡红褐色，2、3年生枝黄褐色、淡红褐色或灰褐色。叶排列成两列，条形，微弯或较直，长1~3cm，宽2~4mm，上部微渐窄，先端常微急尖，稀急尖或渐尖。雄球花淡黄色，雄蕊8~14枚，花药4~8。种子生于杯状红色肉质的假种皮中，卵圆形。我国特有树种，常生于海拔1000~1200m以上的高山上部。可作建筑、车辆、家具、器具、农具及文具等用材。

杉木

学名：*Cunninghamia lanceolata*（Lamb.）Hook.
俗名：杉、刺杉、木头树、正木、正杉、沙树、沙木

杉科 Taxodiaceae 杉木属 *Cunninghamia*

高大乔木。幼树尖塔形，大树圆锥形。树皮裂成长条片，内皮淡红色。小枝对生或轮生，常成二列状，幼枝绿色；高达30m，胸径可达2.5~3m；大枝平展；小枝对生或轮生，常成二列状，幼枝绿色，光滑无毛。冬芽近球形，具小型叶状芽鳞。叶披针形或窄，常呈镰状，革质、坚硬；雄球花圆锥状，通常多个簇生枝顶，雌球花单生或数个集生，绿色；球果卵圆形，熟时苞鳞革质，棕黄色，先端有坚硬的刺状尖头；种子扁平，具种鳞，长卵形或矩圆形，暗褐色，两侧边缘有窄翅。生于海拔2600~3500m地带。

马尾松

学名：*Pinus massoniana* Lamb.
俗名：枞松、山松、青松

松科 Pinaceae 松属 *Pinus*

乔木，高达40m，胸径1m。树皮红褐色，下部灰褐色，裂成不规则的鳞状块片。枝条每年生长1轮，稀2轮；1年生枝淡黄褐色，无白粉。冬芽褐色，圆柱形。针叶2针一束，极稀3针一束，长12~30cm，宽约1mm，细柔，下垂或微下垂，两面有气孔线，边缘有细齿，树脂道4~7，边生。球果卵圆形或圆锥状卵圆形，长4~7cm，径2.5~4cm，有短柄，熟时栗褐色，种鳞张开；鳞盾菱形，微隆起或平，横脊微明显，鳞脐微凹，无刺；种子卵圆形，长4~6mm，连翅长2~2.7cm。为喜光、深根性树种，不耐庇荫，喜温暖湿润气候，能生于干旱、瘠薄的红壤、石砾土及沙质土，或生于岩石缝中。为荒山恢复森林的先锋树种。

被子植物
Angiospermae

菝葜

学名：*Smilax china* L.
俗名：金刚兜、大菝葜、金刚刺、金刚藤

百合科 Liliaceae 菝葜属 *Smilax*

攀缘灌木。根状茎不规则块状，径2~3cm；茎长1~5m，疏生刺。叶薄革质，干后常红褐色或近古铜色，圆形、卵形或宽卵形，长3~10cm，下面粉霜多少可脱落，常淡绿色；叶柄长0.5~1.5cm，鞘一侧宽0.5~1mm，长为叶柄1/2~2/3，与叶柄近等宽，几全部具卷须，脱落点近卷须。花绿黄色，外花被片长3.5~4.5mm，宽1.5~2mm，内花被片稍窄；雄花花药比花丝稍宽，常弯曲；雌花与雄花大小相似，有6枚退化雄蕊。浆果径0.6~1.5cm，熟时红色，有粉霜。生于林下、灌丛中、路旁、河谷或山坡上。根状茎可以提取淀粉和栲胶，或用来酿酒；药用，有祛风活血作用。

黑果菝葜

学名：*Smilax glaucochina* Warb.
俗名：金刚藤

百合科 Liliaceae 菝葜属 *Smilax*

攀缘灌木。茎长0.5~4m，常疏生刺。叶厚纸质，常椭圆形，长5~8cm，下面苍白色；叶柄长0.7~1.5cm，叶鞘长为叶柄1/2，有卷须，脱落点位于上部。花绿黄色；雄花花被片长5~6mm，宽2.5~3mm，内花被片宽1~1.5mm；雌花与雄花近等大，具3枚退化雄蕊。浆果径7~8mm，成熟时黑色，具粉霜。生于海拔1600m以下的林下、灌丛中或山坡上。根状茎富含淀粉，可以制糕点或加工食用。

马甲菝葜

学名：*Smilax lanceifolia* Roxb.

百合科 Liliaceae 菝葜属 *Smilax*

攀缘灌木。茎长达2m，无刺或稀具疏刺。叶卵状长圆形或披针形，长6~17cm，宽2~8cm，干后暗绿色，有时稍变淡黑色；叶柄长1~2.5cm，窄鞘长为叶柄1/5~1/4，常有卷须，脱落点位于近中部。花黄绿色；雄花外花被片长4~5mm，宽约1mm，内花被片稍窄；雄蕊与花被片近等长或稍长，离生，花药近长圆形；雌花小于雄花1/2，具6枚退化雄蕊。浆果径6~7mm，种子1~2；种子无沟或有1~3纵沟。生于林下、灌丛中或山坡阴处，海拔600~2000m，少数在云南西部可沿峡谷上升到2800m。

小果菝葜

学名：*Smilax davidiana* A. DC.

百合科 Liliaceae 菝葜属 *Smilax*

攀缘灌木。茎长1~2m，具疏刺。叶坚纸质，干后红褐色，常椭圆形，长3~7cm，下面淡绿色；叶柄长5~7mm，鞘长为叶柄1/2~2/3，比叶柄宽，有细卷须，脱落点近卷须上方，鞘耳状，一侧宽2~4mm，比叶柄宽。花绿黄色；雄花外花被片长3.5~4mm，宽约2mm，内花被片宽约1mm；花药比花丝宽2~3倍；雌花小于雄花，具3枚退化雄蕊。浆果径5~7mm，熟时暗红色。生于海拔800m以下的林下、灌丛中或山坡、路边阴处。

川百合

学名：*Lilium davidii* Duchartre ex Elwes

百合科 Liliaceae 百合属 *Lilium*

鳞茎扁球形或宽卵形；鳞片宽卵形或卵状披针形，长2~3.5cm，白色。叶多数，散生，在中部较密集，线形，长7~12cm，宽2~3mm，边缘反卷并有小乳头状突起，中脉明显，叶腋有白色绵毛。花单生或2~8成总状花序；花梗长4~8cm；花下垂，橙黄色，近基部约2/3有紫黑色斑点；外轮花被片长5~6cm，宽1.2~1.4cm，内轮花被片比外轮稍宽；花丝长4~5.5cm，无毛，花药长1.4~1.6cm；子房长1~1.2cm，宽2~3mm；花柱长为子房2倍以上，柱头膨大，3浅裂。蒴果窄长圆形，长3.5cm。生于山坡草地、林下潮湿处或林缘，海拔850~3200m。鳞茎含淀粉，质量优，栽培产量高，可供食用。

岷江百合

学名：*Lilium regale* Wilson
俗名：千叶百合、王百合

百合科 Liliaceae 百合属 *Lilium*

茎高达50cm，稀近基部带紫色，有小乳头状突起。叶散生，多数，线形，长6~8cm，宽2~3mm，具1脉，边缘和下面中脉具乳头状突起。花1至数朵，芳香，喇叭形，白色，喉部黄色；外轮花被片披针形，长9~11cm，内轮花被片倒卵形，先端尖，蜜腺两侧无乳头状突起；花丝长6~7.5cm，几无乳头状突起，花药长0.9~1.2cm，径约3mm，花柱长6cm，柱1.2cm，宽约3mm；子房长约2.2cm，头膨大，径6mm。生于山坡岩石边上、河旁，海拔800~2500m。

野百合

学名：*Lilium brownii* F. E. Brown ex Miellez
俗名：羊屎蛋、倒挂山芝麻

百合科 Liliaceae 百合属 *Lilium*

鳞茎球形，径2~4.5cm；鳞片披针形，长1.8~4cm，无节；茎高达2m，有的下部有小乳头状突起。叶散生，披针形、窄披针形或线形，长7~15cm，宽0.6~2cm，全缘，无毛。花单生或几朵成近伞形；花梗长3~10cm；苞片披针形，长3~9cm，花喇叭形，有香气，乳白色，外面稍紫色，向外张开或先端外弯，长13~18cm；外轮花被片宽2~4.3cm，内轮花被片宽3.4~5cm，蜜腺两侧具小乳头状突起；雄蕊上弯，花丝长10~13cm，中部以下密被柔毛，稀疏生毛或无毛，花药长1.1~1.6cm；子房长3.2~3.6cm，径约4mm，花柱长8.5~11cm。蒴果长4.5~6cm，径约3.5cm，有棱。生于山坡、灌木林下、路边、溪旁或石缝中。鳞茎含丰富淀粉，可食用、药用。

野韭

学名：*Allium ramosum* L.

百合科 Liliaceae 葱属 *Allium*

具横生的粗壮根状茎，略倾斜；鳞茎近圆柱状，外皮暗黄色至黄褐色，破裂成纤维状，网状或近网状。花莛圆柱状，具纵棱，有时棱不明显，高25~60cm，下部被叶鞘；总苞单侧开裂至2裂，宿存；伞形花序半球状或近球状，多花；小花梗近等长，比花被片长2~4倍，基部除具小苞片外常在数枚小花梗的基部，又为1枚共同的苞片所包围；花白色，稀淡红色；花丝等长，为花被片长度的1/2~3/4，基部合生并与花被片贴生，合生部分高0.5~1mm，分离部分狭三角形，内轮的稍宽；子房倒圆锥状球形，具3圆棱，外壁具细的疣状突起。生于海拔460~2100m的向阳山坡、草坡或草地上。叶可食用。

败酱

学名：*Patrinia scabiosifolia* Link
俗名：苦苣菜、野芹、野黄花、将军草

败酱科 Valerianaceae 败酱属 *Patrinia*

多年生草本，高达1~2m。茎下部常被脱落性倒生白色粗毛或几无毛，上部常近无毛或被倒生稍弯糙毛，或疏被2列纵向短糙毛。基生叶丛生，花时枯落，卵形、椭圆形或椭圆状披针形，长1.8~10.5cm，不裂或羽状分裂或全裂，具粗锯齿，两面被糙伏毛或几无毛，叶柄长3~12cm；茎生叶对生，宽卵形或披针形，长5~15cm，常羽状深裂或全裂。聚伞花序组成伞房花序，具5~7级分枝；花序梗上方被白色粗糙毛；总苞片线形。瘦果长圆形，长3~4mm，种子1，椭圆形、扁平。生于山坡林下、林缘和灌丛中以及路边、田埂边的草丛中。

糙叶败酱

学名：*Patrinia scabra* Bunge

败酱科 Valerianaceae 败酱属 *Patrinia*

多年生草本，株高30~60cm。根圆柱形，稍木质，顶端常较粗厚。茎至数枚丛生，被细密短糙毛。圆锥状聚伞花序在枝顶端集生成大型伞房状花序；苞片对生，条形，不裂，少2~3裂；花萼不明显，萼齿长0.1~0.2mm；花冠黄色，筒状，长6.5~7.5mm，径5~6.5mm，基部一侧稍扩大成短距状；雄蕊4；子房下位，1室发育，2不发育室稍长。瘦果长圆柱形，与圆形膜质苞片贴生；果苞近圆形，长达8mm，常带紫色，网脉具2主脉。生于草原带、森林草原带的石质丘陵坡地石缝或较干燥的阳坡草丛中，海拔250~2340m。

攀倒甑

学名：*Patrinia villosa*（Thunb.）Juss.
俗名：白花败酱草、苦益菜、萌菜

败酱科 Valerianaceae 败酱属 *Patrinia*

多年生草本，高0.5~1.2m。根茎长而横走。基生叶丛生，卵形、宽卵形、卵状披针形或长圆状披针形，长4~25cm，具粗钝齿，基部楔形下延，不裂或大头羽状深裂，常有1~4对侧生裂片，叶柄较叶稍长；茎生叶对生，与基生叶同形，或菱状卵形，叶柄长1~3cm，上部叶较窄小，常不裂，两面被糙伏毛或近无毛；向上渐近无柄。聚伞花序组成圆锥花序或伞房花序，分枝5~6级，萼齿浅波状或浅钝裂状，花冠钟形，白色，裂片异形；雄蕊4，伸出。瘦果倒卵圆形，与宿存增大苞片贴生。生于海拔400~1500m的山地林下、林缘或灌丛中、草丛中。根茎及根有陈腐臭味，为消炎利尿药；民间常以嫩苗作蔬菜食用，也作猪饲料用。

狼尾花

学名：*Lysimachia barystachys* Bunge
俗名：珍珠菜、虎尾草

报春花科 Primulaceae 珍珠菜属 *Lysimachia*

多年生草本，高0.3~1m。全株密被卷曲柔毛；具横走根茎。叶互生或近对生，近无柄；叶长圆状披针形、倒披针形或线形，长4~10cm，基部楔形。总状花序顶生，长4~6cm，果时长达30cm；花密集，常转向一侧；苞片线状钻形，稍长于花梗；花梗长4~6mm；花萼裂片长圆形，长3~4mm，先端圆；花冠白色，长0.7~1cm，筒部长约2mm，裂片舌状长圆形，长5~8mm，常有暗紫色短腺条；雄蕊内藏，花丝长约4.5mm，下部约1.5mm，贴生花冠基部，花药椭圆形，背着，纵裂。蒴果径2.5~4mm。生于草甸、山坡路旁灌丛间，垂直分布上限可达海拔2000m。云南民间用全草治疮疖、刀伤。

临时救

学名：*Lysimachia congestiflora* Hemsl.
俗名：聚花过路黄

报春花科 Primulaceae 珍珠菜属 *Lysimachia*

多年生草本。茎下部匍匐，上部及分枝上升，长6~50cm，密被卷曲柔毛。叶对生，茎端的2对密聚；叶卵形、宽卵形或近圆形，长1.4~3cm，先端锐尖或钝，基部近圆或平截，两面多少被糙伏毛；总状花序生茎端和枝端，缩短成头状，具2~4花；花梗长0.5~2mm；花萼裂片披针形。花冠黄色，内面基部紫红色，长0.9~1.1cm，筒部长2~3mm，裂片卵状椭圆形或长圆形；花丝长5~7mm，下部合生成筒，花药长圆形，背着，纵裂。蒴果球形，径3~4mm。生于水沟边、田埂上和山坡林缘、草地等湿润处，垂直分布上限可达海拔2100m。全草入药，治风寒头痛、咽喉肿痛、肾炎水肿、肾结石、小儿疳积、疔疮、毒蛇咬伤等。

疏头过路黄

学名：*Lysimachia pseudohenryi* Pamp.

报春花科 Primulaceae 珍珠菜属 *Lysimachia*

多年生草本。茎直立或膝曲直立，高7~25cm，密被柔毛。叶对生，茎端的2~3对通常稍密聚，叶柄长0.3~1.2cm；茎下部叶近圆形或菱状卵形，长2~8cm，先端锐尖或稍钝，基部近圆或宽楔形，两面密被小糙伏毛，散生半透明腺点。总状花序顶生，缩短成近头状，萼裂片披针形，花冠黄色，裂片窄椭圆形或倒卵状椭圆形，有透明腺点；花丝下部合生成筒。蒴果果柄下弯。生于山地林缘和灌丛中，垂直分布上限可达海拔1500m。

长叶车前

学名：*Plantago lanceolata* L.
俗名：窄叶车前、欧车前、披针叶车前

车前科 Plantaginaceae 车前属 *Plantago*

多年生草本。直根粗长。根茎粗短，不分枝或分枝。叶基生呈莲座状，纸质，线状披针形、披针形或椭圆状披针形，长6~20cm，先端渐尖或急尖，基部窄楔形，下延，全缘或具极疏小齿，脉（3~）5（~7）条。穗状花序3~15，长1~5cm，紧密；花序梗长10~60cm，棱上多少贴生柔毛；花冠白色，无毛，花冠筒约与萼片等长或稍长；雄蕊着生花冠筒内面中部，与花柱外伸，花药顶端有卵状三角形小尖头，白色或淡黄色；胚珠2~3。蒴果窄卵球形，长3~4mm，于基部上方周裂；种子（1~）2，窄椭圆形或长卵圆形，长2~2.6mm。花期5~6月，果期6~7月。生于海滩、河滩、草原湿地、山坡多石处或沙质地、路边、荒地，海拔3~900m。

车前

学名：*Plantago asiatica* L.
俗名：蛤蟆草、饭匙草、车轱辘菜、蛤蟆叶

车前科 Plantaginaceae 车前属 *Plantago*

二年生或多年生草本。植株干后绿色或褐绿色，或局部带紫色。须根多数。根茎短，稍粗。叶基生呈莲座状，薄纸质或纸质，宽卵形或宽椭圆形，先端钝圆或急尖，基部宽楔形或近圆，多少下延，边缘波状、全缘或中部以下具齿。穗状花序3~10个，细圆柱状，紧密或稀疏，下部常间断，花冠白色，花冠筒与萼片近等长；雄蕊与花柱明显外伸，花药白色。蒴果纺锤状卵形、卵球形或圆锥状卵形，长3~4.5mm，于基部上方周裂；种子5~6，卵状椭圆形或椭圆形，长1.5~2mm，具角，背腹面微隆起；子叶背腹排列。生于草地、沟边、河岸湿地、田边、路旁或村边空旷处，海拔3~3200m。

川续断

学名：*Dipsacus asper* Wallich ex Candolle

川续断科 Dipsacaceae 川续断属 *Dipsacus*

多年生草本。根黄褐色，稍肉质。茎中空，具棱，棱上疏生下弯粗短的硬刺。基生叶稀疏丛生，琴状羽裂，长15~25cm，顶裂片卵形，长达15cm，侧裂片3~4对，多为倒卵形或匙形，上面被白色刺毛或乳头状刺毛，下面沿脉密被刺毛，叶柄长达25cm；茎中下部叶为羽状深裂，中裂片披针形；茎上部叶披针形，不裂或基部3裂。头状花序径2~3cm，总花梗长达55cm；花萼4棱，不裂或4裂，被毛；花冠淡黄色或白色，冠筒窄漏斗状，长0.9~1.1cm，4裂，被柔毛；雄蕊明显超出花冠。瘦果长倒卵柱状，包于小总苞内，长约4mm，顶端外露。产江西、华中南部、广西至西南各地。

糙苏

学名：*Phlomoides umbrosa*（Turcz.）Kamelin & Makhm.
俗名：小兰花烟、山芝麻、白莶、常山、续断

唇形科 Lamiaceae 糙苏属 *Phlomoides*

多年生草本，高达1.5m。根粗壮，长达30cm，径约1cm。茎疏被倒向短硬毛，有时上部被星状短柔毛，带紫红色，多分枝。叶圆卵形或卵状长圆形，长5.2~12cm，先端尖或渐尖，基部浅心形或圆，具锯齿状牙齿，或不整齐圆齿，两面疏被柔毛及星状柔毛。叶柄长1~12cm，密被短硬毛。花萼管形，长约1cm，径3.5mm，被星状微柔毛；花冠粉红色或紫红色，稀白色，下唇具红斑，长约1.7cm，冠筒背部上方被短柔毛，余无毛，内具毛环；雄蕊内藏，花丝无毛，无附属物。生于海拔200~3200m疏林下或草坡上。根入药，消肿、生肌、续筋、接骨，兼补肝、肾、腰膝，安胎。

风轮菜

学名：*Clinopodium chinense*（Benth.）O. Ktze.
俗名：野薄荷、山薄荷、九层塔、苦刀草、野凉粉藤

唇形科 Lamiaceae 风轮菜属 *Clinopodium*

茎高达1m，基部匍匐，具细纵纹，密被短柔毛及腺微柔毛。叶卵形，基部圆或宽楔形，具圆齿状锯齿。轮伞花序具多花，半球形，苞片多数，针状；花萼窄管形，带紫红色，上唇3齿长三角形，稍反折，下唇2齿直伸，具芒尖，花冠紫红色，上唇先端微缺，下唇3裂。小坚果黄褐色，倒卵球形，长约1.2mm。生于山坡、草丛、路边、沟边、灌丛、林下。

麻叶风轮菜

学名：*Clinopodium urticifolium*（Hance）C. Y. Wu & Hsuan ex H. W. Li

唇形科 Lamiaceae 风轮菜属 *Clinopodium*

多年生草本，高达80cm。茎具细纵纹，疏被倒向细糙硬毛。叶卵形或卵状长圆形，长3~5.5cm，基部近平截或圆，具锯齿，上面疏被细糙硬毛，下面沿脉疏被平伏柔毛；下部叶柄长1~1.2cm，上部叶柄长2~5mm。花梗长1.5~2.5mm，密被腺微柔毛；花萼窄管形，长约8mm，上部带紫红色，被腺微柔毛，脉被白色纤毛，内面齿上疏被柔毛，果时基部一边稍肿胀，上唇3齿长三角形，反折，具短芒尖，下唇2齿直伸，具芒尖；花冠紫红色，长约1.2cm，被微柔毛，喉部内面具二行毛，冠筒基部径1mm，喉部径约3mm；雄蕊4，前对雄蕊近内藏或稍伸出。小坚果倒卵球形，长约1mm。生于山坡、草地、路旁、林下。

广防风

学名：*Anisomeles indica*（Linnaeus）Kuntze
俗名：茴苹、獭蛤蟆、野紫苏、野苏、土藿香、野苏麻、防风草

唇形科 Lamiaceae 广防风属 *Anisomeles*

茎直立，高达2m，分枝，密被白色平伏短柔毛。叶宽卵形，长4~9cm，先端尖或短渐尖，基部近平截宽楔形，具不规则牙齿，上面被细糙伏毛，脉上毛密；叶柄长1~4.5cm。穗状花序径约2.5cm；苞叶具短柄或近无柄，苞片线形；花萼长约6mm，被长硬毛、腺柔毛及黄色腺点，萼齿紫红色，三角状披针形，长约2.7mm，具缘毛；花冠淡紫色，长约1.3cm，无毛，冠筒漏斗形，口部径达3.5mm，上唇长圆形，长4.5~5mm，下唇近水平开展，长9mm，3裂，中裂片倒心形，边缘微波状，内面中部被髯毛，侧裂片卵形。小坚果径约1.5mm。生于热带及南亚热带地区的林缘或路旁等荒地上。全草入药，为民间常用药草。

韩信草

学名：*Scutellaria indica* L.
俗名：三合香、红叶犁头尖、调羹草、顺经草、偏向花、烟管草、大力草

唇形科 Lamiaceae 黄芩属 *Scutellaria*

多年生草本，高达28cm。茎深紫色，被微柔毛，茎上部及沿棱毛密。叶心状卵形或椭圆形，先端钝或圆，基部圆或心形，具圆齿。总状花序，苞片卵形或椭圆形，具圆齿，花萼被长硬毛及微柔毛，花冠蓝紫色，冠筒基部膝曲，下唇中裂片圆卵形，具深紫色斑点，侧裂片卵形。小坚果暗褐色，卵球形，具瘤，腹面近基部具一果脐。生于山地或丘陵地、疏林下、路旁空地及草地上。全草入药，味辛，性平，治跌打伤，祛风，壮筋骨，治蚊伤，散血消肿。

蜜蜂花

学名：*Melissa axillaris*（Benth.）Bakh. F.
俗名：小薄荷、鼻血草、小方杆草、荆芥、土荆芥、滇荆芥

唇形科 Lamiaceae 蜜蜂花属 *Melissa*

多年生草本，具地下茎。茎近直立，高达1m，被短柔毛。叶卵形，先端尖或短渐尖，基部圆至楔形，具锯齿状圆齿，下面近中脉两侧带紫色或紫色。轮伞花序疏散，花萼上唇齿短，下唇与上唇近等长；花冠白色或淡红色，冠筒伸出，上唇先端微缺，下唇开展。小坚果腹面具棱。生于路旁、山地、山坡、谷地，海拔600~2800m。四川峨眉用全草入药，治血衄及痢疾；云南用全草代假苏，治蛇咬伤；越南北部用作发油香料。

牛至

学名：*Origanum vulgare* L.
俗名：小叶薄荷、署草、五香草、野薄荷、土茵陈、随经草、野荆芥

唇形科 Lamiaceae 牛至属 *Origanum*

茎高达60cm，直立或近基部平卧，稍带紫色，被倒向或微卷曲短柔毛。叶卵形或长圆状卵形，长1~4cm，先端钝，基部宽楔形或圆，全缘或疏生细齿，上面亮绿带紫晕，疏被长柔毛；叶柄长2~7mm，被柔毛。穗状花序长圆柱形；花萼长约3mm，被细糙硬毛或近无毛，萼齿三角形，长约0.5mm；花冠紫红色或白色，管状钟形，长5~7mm；两性花冠筒长5mm，伸出花萼，雌花冠筒长约3mm，均疏被短柔毛，上唇卵形，2浅裂，下唇裂片长圆状卵形。小坚果褐色，长约0.6mm，顶端圆。生于路旁、山坡、林下及草地，海拔500~3600m。全草入药，作香精、酒曲配料、蜜源。

小鱼仙草

学名：*Mosla dianthera*（Buch.-Ham. ex Roxburgh）Maxim.

俗名：疏花荠宁、土荆芥、假荆芥、野荆芥、山苏麻、痱子草、霍乱草

唇形科 Lamiaceae 石荠苎属 *Mosla*

一年生草本。茎高达1m，近无毛，多分枝。叶卵状披针形或菱状披针形，长1.2~3.5cm，先端渐尖或尖，基部楔形，疏生尖齿，上面无毛或近无毛，下面无毛，疏被腺点；叶柄长0.3~1.8cm，上面被微柔毛。总状花序多数，序轴近无毛；苞片针形或线状披针形，近无毛，长达1mm，果时长达4mm；花梗长约1mm，果时长达4mm；被微柔毛；花萼长约2mm，径2~2.6mm，上唇反折，齿卵状三角形；花冠淡紫色，长4~5mm，被微柔毛。小坚果灰褐色，近球形，径1~1.6mm，被疏网纹。生于山坡、路旁或水边，海拔175~2300m。全草入药，治感冒发热、中暑头痛、恶心、无汗、热痱、皮炎、痢疾、外伤出血等症。

荔枝草

学名：*Salvia plebeia* R. Br.

俗名：蛤蟆皮、土荆芥、猴臂草、劫细、大塔花、臭草、鱼味草、野薄荷

唇形科 Lamiaceae 鼠尾草属 *Salvia*

一年生或二年生草本，高达90cm。茎粗壮，多分枝，被倒向灰白柔毛。叶椭圆状卵形或椭圆状披针形，先端钝或尖，基部圆或楔形，具齿。轮伞花序具6花，多数，组成长10~25cm总状或圆锥花序，密被柔毛；花梗长约1mm；花萼钟形，上唇具3个细尖齿，下唇具2三角形齿；花冠淡红色、淡紫色、紫色、紫蓝色或蓝色，稀白色，长约4.5mm，冠檐被微柔毛，冠筒无毛，内具毛环，上唇长圆形，下唇中裂片宽倒心形，侧裂片近半圆形；雄蕊稍伸出，花丝长约1.5mm，药隔长约1.5mm，弧曲，上臂及下臂等长。小坚果倒卵球形，径0.4mm。生于山坡、路旁、沟边、田野潮湿的土壤上，海拔可至2800m。全草入药。

地蚕

学名：*Stachys geobombycis* C. Y. Wu
俗名：野麻子、五眼草、冬虫夏草

唇形科 Lamiaceae 水苏属 *Stachys*

多年生草本，高达50cm。茎棱及节疏被倒向柔毛状糙硬毛；根茎肥大，肉质。叶长圆状卵形，长4.5~8cm，先端钝，基部浅心形或圆，具圆齿状锯齿，两面疏被柔毛状糙伏毛；叶柄长1~4.5cm，密被柔毛状糙伏毛；轮伞花序具4~6花，组成长5~18cm穗状花序；苞叶具短柄或近无柄；花梗长约1mm，被微柔毛；花萼倒圆锥形，长5.5mm；花冠淡紫色或紫蓝色，稀淡红色，长约1.1cm，冠筒长约7mm，上部被微柔毛，余无毛，冠檐上唇长圆状卵形，长4mm，下唇卵形，长5mm。生于荒地、田地及草丛湿地上，海拔170~700m。肉质的根茎可供食用；全草可入药，治跌打、疮毒，祛风毒。

甘露子

学名：*Stachys sieboldii* Miquel
俗名：螺蛳菜、宝塔菜、地蚕、地蕊、地母、米累累、益母膏、罗汉菜

唇形科 Lamiaceae 水苏属 *Stachys*

多年生草本，高达1.2m。根茎白色，顶端具念珠状或螺蛳形肥大块茎。茎棱及节被硬毛。叶卵形或椭圆状卵形，长3~12cm，先端尖或渐尖，基部宽楔形或浅心形，具圆齿状锯齿，两面被平伏硬毛；叶柄1~3cm，被硬毛。轮伞花序具6花，组成长5~15cm穗状花序；花梗长约1mm，被微柔毛；花萼窄钟形，长约9mm，被腺柔毛，内面无毛，10脉，稍明显；花冠粉红色或紫红色，下唇具紫斑，长约1.3cm，冠筒长约9mm，近基部前方微囊状，被微柔毛，冠檐被微柔毛，内面无毛，上唇长圆形，长4mm，下唇3裂。小坚果黑褐色，卵球形，径约1.5cm，被小瘤。生于湿润地及积水处，海拔可达3200m。地下肥大块茎供食用；全草入药，治肺炎、风热感冒。

山菠菜

学名：*Prunella asiatica* Nakai
俗名：灯笼头、白花山菠菜

唇形科 Lamiaceae 夏枯草属 *Prunella*

茎紫红色，多数，高达60cm，疏被柔毛。叶卵形或卵状长圆形，长3~4.5cm，先端钝尖，基部楔形，疏生波状齿或圆齿状锯齿，上面被平伏微柔毛或近无毛，下面脉被柔毛；叶柄长1~2cm。穗状花序顶生，长3~5cm；苞叶宽披针形，苞片先端带红色，扁圆形，脉疏被柔毛；花梗长约2mm；花萼长约1cm，先端红色或紫色，被白色柔毛，萼筒陀螺形，上唇近圆形，先端具3个近平截短齿，下唇齿披针形，具小刺尖；花冠淡紫色、深紫色或白色，长1.8~2.1cm，冠筒长约1cm，上唇长圆形，龙骨状，下唇长约8mm，中裂片近圆形，具流苏状小裂片，侧裂片长圆形。小坚果卵球形，长1.5mm。生于路旁、山坡草地、灌丛及潮湿地上，海拔可达1700m。全草入药，利尿，降血压，治淋病及瘰病；又可当茶饮。

夏枯草

学名：*Prunella vulgaris* L.
俗名：牛低代头、灯笼草、古牛草、羊蹄尖、金疮小草、土枇杷

唇形科 Lamiaceae 夏枯草属 *Prunella*

茎高达30cm，基部多分枝，紫红色，疏被糙伏毛或近无毛。叶卵状长圆形或卵形，先端钝，基部圆、平截或宽楔形下延，具浅波状齿或近全缘。穗状花序，苞叶近卵形，苞片淡紫色，宽心形，花萼钟形，花冠紫色、红紫色或白色，上唇近圆形，稍盔状，下唇中裂片近心形，具流苏状小裂片；雄蕊4，前对雄蕊长。小坚果长圆状卵球形，长1.8mm，微具单沟纹。生于荒坡、草地、溪边及路旁等湿润地上，海拔可达3000m。全株入药，味苦，微辛，性微温，入肝经，祛肝风，行经络，治口眼歪斜，止筋骨疼，舒肝气，开肝郁。

毛萼香茶菜

学名：*Isodon eriocalyx*（Dunn）Kudo
俗名：沙虫药、火地花、四棱蒿、荷麻根、虎尾草、黑头草、疏花毛萼香茶

唇形科 Lamiaceae 香茶菜属 *Isodon*

多年生草本或灌木状，高达3m。茎带淡红色，密被平伏柔毛。叶卵状椭圆形或卵状披针形，长2.5~18cm，先端渐尖，基部宽楔形或圆，骤渐窄，具圆齿状锯齿或牙齿，稀全缘，两面脉疏被柔毛；叶柄长0.6~5cm。聚伞花序多花密集，组成穗状花序，顶生及腋生，长2.5~3.5cm，密被白色卷曲短柔毛；花萼钟形，长1.5~1.8mm，被白绵毛，后渐脱落，萼齿卵形，近等大，长0.5~0.6mm，果萼直伸，长约4mm；花冠淡紫色或紫色，长6~7mm，被柔毛；花柱内藏伸出。小坚果褐黄色，卵球形。生于山坡阳处、灌丛中，海拔750~2600m。叶治脚气，根止泻止痢。

血见愁

学名：*Teucrium viscidum* Bl.
俗名：冲天泡、四棱香、山黄荆、水苏麻、野苏麻、假紫苏、贼子草

唇形科 Lamiaceae 香科科属 *Teucrium*

多年生草本，高达70cm。茎下部无毛或近无毛，上部被腺毛及柔毛。叶卵形或卵状长圆形，长3~10cm，先端尖或短渐尖，基部圆、宽楔形或楔形，具重圆齿，两面近无毛或疏被柔毛；叶柄长1~3cm，近无毛。轮伞花序具2花，密集成穗状花序，苞片披针形；花梗长1~2mm，密被腺长柔毛；花萼钟形，上唇3齿卵状三角形，下唇2齿三角形；花冠白色、淡红色或淡紫色，中裂片圆形，侧裂片卵状三角形；子房顶端被泡状毛。小坚果扁球形，长1.3mm，黄褐色。生于山地林下润湿处，海拔120~1530m。全草入药，广泛用于治风湿性关节炎、跌打损伤、肺脓疡、急性胃肠炎、消化不良、冻疮肿痛、睾丸炡肿、吐血、外伤出血、毒蛇咬伤、疔疮疖肿等症。

野拔子

学名：*Elsholtzia rugulosa* Hemsl.
俗名：臭香薷、野坝蒿、矮香薷、狗巴子、小香芝麻叶、野苏子、把子草

唇形科 Lamiaceae 香薷属 *Elsholtzia*

草本或亚灌木状，高达1.5m。茎多分枝，枝密被白色微柔毛。叶椭圆形，先端尖或微钝，基部圆或宽楔形，具钝齿，近基部全缘，上面被糙硬毛，微皱，下面密被灰白色或淡黄色茸毛，侧脉4~6对；叶柄长0.5~2.5cm，密被白色微柔毛。穗状花序顶生，长3~12cm或以上，被白色茸毛，轮伞花序具梗，花序梗长1.2~2.5cm；花梗长不及1mm；花萼钟形，长约1.5mm，径1mm，被白色糙硬毛；花冠白色，有时为紫色或淡黄色，长约4mm，被柔毛，内面具斜向毛环，冠筒长约3mm，边缘啮蚀状；前对雄蕊伸出，花丝稍被毛。小坚果淡黄色，长圆形，稍扁，长约1mm，平滑。生于山坡草地、旷地、路旁、林中或灌丛中，海拔1300~2800m。全株含芳香油，枝叶可入药。

细叶益母草

学名：*Leonurus sibiricus* L.
俗名：风车草、益母草、石麻、红龙串彩、龙串彩、风葫芦草、四美草

唇形科 Lamiaceae 益母草属 *Leonurus*

一年生或二年生草本，高达80cm。茎被平伏毛。下部茎叶早落，叶卵形，长约5cm，基部宽楔形，掌状3深裂，裂片长圆状菱形，再3裂成线形小裂片，小裂片宽1~3mm，两面被糙伏毛，下面被腺点；中部茎叶叶柄长约2cm。花无梗花萼管状钟形，长8~9mm，中部密被柔毛，余被平伏微柔毛，前2齿钻状三角形，后3齿三角形，具刺尖；花冠白色、粉红色或紫红色，长约1.8cm，冠筒内具鳞毛环，冠檐密被长毛，上唇长圆形，下唇长约7mm，中裂片倒心形，侧裂片卵形；花丝疏被鳞片。小坚果褐色，长圆状三棱形，长约2.5mm。生于石质及沙质草地上及松林中，海拔可达1500m。全草入药，有效成分为益母草素。

益母草

学名：*Leonurus japonicus* Houttuyn
俗名：益母夏枯、森蒂、野麻、灯笼草、地母草、玉米草

唇形科 Lamiaceae 益母草属 *Leonurus*

一年生或二年生草本，有密生须根的主根。茎直立，高30~120cm，钝四棱形，微具槽，有倒向糙伏毛，多分枝。茎下部叶轮廓为卵形，基部宽楔形，掌状3裂，裂片呈长圆状菱形至卵圆形，通常长2.5~6cm，宽1.5~4cm，叶脉突出，叶柄纤细，长2~3cm，叶基下延而在上部略具翅；茎中部叶轮廓为菱形，较小，通常分裂成3个或偶有多个长圆状线形的裂片，基部狭楔形，叶柄长0.5~2cm。花序最上部的苞叶近于无柄，线形或线状披针形，长3~12cm，宽2~8mm，全缘或具稀少牙齿；轮伞花序腋生，具8~15花；小坚果长圆状三棱形，长2.5mm，顶端截平而略宽大，基部楔形，淡褐色，光滑。生长于多种生境，尤以阳处为多，海拔高达3400m。全草入药，有效成分为益母草素。

野生紫苏

学名：*Perilla frutescens* var. *purpurascens*（Hayata）H. W. Li
俗名：苏菅、苏麻、紫苏、青叶紫苏、野猪疏、野香丝、香丝菜、臭草

唇形科 Lamiaceae 紫苏属 *Perilla*

高达2m。茎绿色或紫色，密被长柔毛。叶较小，卵形，长4.5~7.5cm，宽2.8~5cm，两面被疏柔毛；先端尖或骤尖，基部圆或宽楔形，具粗锯齿，上面被柔毛，下面被平伏长柔毛；叶柄长3~5cm，被长柔毛。轮伞总状花序密被长柔毛；苞片宽卵形或近圆形，长约4mm，具短尖，被红褐色腺点，无毛；花梗长约1.5mm，密被柔毛；花萼长约3mm，直伸，下部被长柔毛及黄色腺点，下唇较上唇稍长；花冠长3~4mm，稍被微柔毛，冠筒长2~2.5mm；果萼小，长4~5.5mm，下部被疏柔毛，具腺点。小坚果较小，土黄色，径1~1.5mm。生于山地路旁、村边荒地，或栽培于舍旁。供药用及食用。

蓖麻

学名：*Ricinus communis* L.

大戟科 Euphorbiaceae 蓖麻属 *Ricinus*

一年生粗壮草本或草质灌木，高达5m。叶互生，近圆形，径15~60cm，掌状7~11裂，裂片卵状披针形或长圆形，具锯齿；叶柄粗，长达40cm，中空，盾状着生，托叶长三角形，合生，长2~3cm，早落。花雌雄同株，无花瓣，无花盘；总状或圆锥花序，长15~30cm，顶生，雄花生于花序下部，雌花生于上部，均多朵簇生苞腋；花梗细长；花丝合成多数雄蕊束，花药2室，药室近球形，分离；子房3室，每室1胚珠，花柱3，顶部2裂，密生乳头状突起。蒴果卵球形或近球形，长1.5~2.5cm，具软刺或平滑；种子椭圆形，长1~1.8cm，光滑，具淡褐色或灰白色斑纹，胚乳肉质；种阜大。村旁疏林或河流两岸冲积地常有逸为野生，呈多年生灌木。蓖麻油在工业上用途广，在医药上作缓泻剂；种子含蓖麻毒蛋白及蓖麻碱。

齿裂大戟

学名：*Euphorbia dentata* Michx.

俗名：紫斑大戟、齿叶大戟

大戟科 Euphorbiaceae 大戟属 *Euphorbia*

一年生草本。根径2~3mm，下部多分枝。茎单一，上部多分枝，高20~50cm，径2~5mm，被柔毛或无毛。叶对生，线形至卵形，多变化，长2~7cm，宽5~20mm，先端尖或钝，基部渐狭；边缘全缘、浅裂至波状齿裂，多变化；叶两面被毛或无毛；叶柄长3~20mm，被柔毛或无毛；总苞叶2~3枚，与茎生叶相同；伞幅2~3cm，长2~4cm。花序数枚，聚伞状生于分枝顶部，基部具长1~4mm短柄；总苞钟状；腺体1枚，两唇形，生于总苞侧面，淡黄褐色。蒴果扁球状，长约4mm，径约5mm，具3个纵沟；种子卵球状，长约2mm，径1.5~2mm，黑色或黑褐色，表面粗糙，具不规则瘤状突起，腹面具一黑色沟纹；种阜盾状，黄色，无柄。生于杂草丛、路旁及沟边。

通奶草

学名：*Euphorbia hypericifolia* L.
俗名：小飞扬草

大戟科 Euphorbiaceae 大戟属 *Euphorbia*

一年生草本。根纤细，长10~15cm。茎直立，自基部分枝或不分枝，高15~30cm，径1~3mm，无毛或被少许短柔毛。叶对生，狭长圆形或倒卵形，长1~2.5cm，宽4~8mm，先端钝或圆，基部圆形，通常偏斜，不对称，边缘全缘或基部以上具细锯齿，上面深绿色，下面淡绿色，有时略带紫红色；叶柄极短；托叶三角形，分离或合生；苞叶2枚，与茎生叶同形。雄花数枚，微伸出总苞外；雌花1枚，子房柄长于总苞；子房三棱状，无毛；花柱3，分离；柱头2浅裂。蒴果三棱状，长约1.5mm，径约2mm，无毛，成熟时分裂为3个分果；种子卵棱状，长约1.2mm，径约0.8mm，每个棱面具数个皱纹，无种阜。生于旷野荒地、路旁、灌丛及田间。全草入药，通奶。

泽漆

学名：*Euphorbia helioscopia* L.
俗名：五凤草、五灯草、五朵云、猫儿眼草、漆茎、鹅脚板

大戟科 Euphorbiaceae 大戟属 *Euphorbia*

一年生草本，高达30（~50）cm。叶互生，倒卵形或匙形，长1~3.5cm，先端具牙齿。花序单生，有梗或近无梗；总苞钟状，无毛，边缘5裂，裂片半圆形，边缘和内侧具柔毛，腺体4，盘状，中部内凹，盾状着生于总苞边缘。具短柄，淡褐色；雄花数枚，伸出总苞；雌花1，子房柄微伸出总苞边缘。蒴果二棱状宽圆形，无毛，具3纵沟，长2.5~3mm。生于山沟、路旁、荒野和山坡，较常见。全草入药，有清热、祛痰、利尿消肿及杀虫之效；种子含油量达30%，可供工业用。

毛丹麻秆

学名：*Discocleidion rufescens*（Franch.）Pax & Hoffm.
俗名：假奓包叶

大戟科 Euphorbiaceae 丹麻秆属 *Discocleidion*

灌木或小乔木，高1.5~5m。小枝、叶柄、花序均密被白色或淡黄色长柔毛。叶纸质，卵形或卵状椭圆形，长7~14cm，宽5~12cm，顶端渐尖，基部圆形或近截平，稀浅心形或阔楔形，边缘具锯齿，上面被糙伏毛，下面被茸毛；叶柄长3~8cm。总状花序或下部多分枝，呈圆锥花序，长15~20cm，苞片卵形，长约2mm；雄花3~5朵簇生于苞腋，花梗长约3mm；花萼裂片3~5，卵形，长约2mm，顶端渐尖；雄蕊35~60枚，花丝纤细；腺体小，棒状圆锥形；雌花1~2朵生于苞腋，苞片披针形，长约2mm，疏生长柔毛，花梗长约3mm；花萼裂片卵形，长约3mm。蒴果扁球形，径6~8mm，被柔毛。生于海拔250~1000m林中或山坡灌丛中。茎皮纤维可作编织物；叶有毒，牲畜误食，导致肝、肾损害。

算盘子

学名：*Glochidion puberum*（L.）Hutch.
俗名：算盘珠、野南瓜

大戟科 Euphorbiaceae 算盘子属 *Glochidion*

灌木。全株大部密被柔毛。叶长圆形、长卵形或倒卵状长圆形，长3~8cm，基部楔形，上面灰绿色，中脉被疏柔毛，下面粉绿色，侧脉5~7对，网脉明显；叶柄长1~3mm，托叶三角形。花雌雄同株或异株，2~5朵簇生叶腋，雄花束常生于小枝下部，雌花束在上部，有时雌花和雄花同生于叶腋；雄花花梗长0.4~1.5cm；萼片6，窄长圆形或长圆状倒卵形，长2.5~3.5mm；雄蕊3，合生成圆柱状；雌花花梗长约1mm；花柱合生呈环状。蒴果扁球状，熟时带红色，花柱宿存。生于海拔300~2200m的山坡、溪旁灌木丛中或林缘。种子可榨油，供制肥皂或作润滑油；根、茎、叶和果实均可药用；叶可作绿肥，为酸性土壤的指示植物。

铁苋菜

学名：*Acalypha australis* L.
俗名：蛤蜊花、海蚌含珠、蚌壳草

大戟科 Euphorbiaceae 铁苋菜属 *Acalypha*

一年生草本，高0.2~0.5m。小枝被平伏柔毛。叶长卵形、近菱状卵形或宽披针形，长3~9cm，先端短渐尖，基部楔形，具圆齿，基脉3出，侧脉3~4对；叶柄长2~6cm，被柔毛，托叶披针形，具柔毛。花序长1.5~5cm，雄花集成穗状或头状，生于花序上部，下部具雌花；雌花苞片1~2（4），卵状心形，长1.5~2.5cm，具齿；雄花花萼无毛；雌花1~3朵生于苞腋；萼片3，长1mm；花柱长约2mm，撕裂5~7条。蒴果绿色，径4mm，疏生毛和小瘤体；种子卵形，长1.5~2mm，光滑，假种阜细长。生于海拔20~1200（1900）m平原或山坡较湿润耕地和空旷草地，有时石灰岩山疏林下，广布的杂草。

乌桕

学名：*Triadica sebifera*（Linnaeus）Small
俗名：木子树、柏子树、腊子树、米柏、糠柏、多果乌桕、桂林乌桕

大戟科 Euphorbiaceae 乌桕属 *Triadica*

乔木，高可达15m。各部均无毛而具乳状汁液。树皮暗灰色，有纵裂纹。枝广展，具皮孔。叶互生，纸质，叶片菱形、菱状卵形或稀有菱状倒卵形，长3~8cm，宽3~9cm，顶端骤然紧缩具长短不等的尖头，基部阔楔形或钝，全缘；中脉两面微凸起，侧脉6~10对。花单性，雌雄同株，聚集成顶生长6~12cm的总状花序，雌花通常生于花序轴最下部或罕有在雌花下部亦有少数雄花着生，雄花生于花序轴上部或有时整个花序全为雄花。蒴果梨状球形，成熟时黑色，径1~1.5cm；具3粒种子，种子扁球形，黑色，外被假种皮。生于旷野、塘边或疏林中。木材白色，坚硬，纹理细致，用途广；根皮治毒蛇咬伤；种子油适作涂料。

黄珠子草

学名：*Phyllanthus virgatus* Forst. F.

大戟科 Euphorbiaceae 叶下珠属 *Phyllanthus*

一年生草本，高达60cm。枝条常自基部发出，全株无毛。叶近革质，线状披针形、长圆形或窄椭圆形，长0.5~2.5cm，先端有小尖头，基部圆，稍偏斜；几无叶柄，托叶膜质，卵状三角形。常2~4朵雄花和1朵雌花簇生叶腋；雄花花梗长约2mm；萼片6，宽卵形或近圆形；雄蕊3，花丝分离；花盘腺体6。蒴果扁球形，径2~3mm，紫红色，有鳞片状凸起；具宿萼。生于平原至海拔1350m山地草坡、沟边草丛或路旁灌丛中。全株入药，清热利湿，治小儿疳积等。

余甘子

学名：*Phyllanthus emblica* L.
俗名：油甘、牛甘果、滇橄榄

大戟科 Euphorbiaceae 叶下珠属 *Phyllanthus*

乔木，高达23m，胸径50cm。枝被黄褐色柔毛。叶线状长圆形，长0.8~2cm，先端平截或钝圆，有尖头或微凹，基部浅心形，下面淡绿色，侧脉4~7对；叶柄长0.3~0.7mm。多朵雄花和1朵雌花或全为雄花组成腋生聚伞花序；雄花花梗长1~2.5mm；萼片6，膜质，长倒卵形或匙形，长1.2~2.5mm；雄蕊3，花丝合生成柱；雌花花梗长约0.5mm；萼片长圆形或匙形，长1.6~2.5mm；花盘杯状，包子房一半以上，边缘撕裂；花柱3，基部合生，顶端2裂，裂片顶部2裂。果为核果，球状，径1~1.3cm，外果皮肉质，淡绿色或淡黄白色，内果皮壳质。生于海拔200~2300m山地疏林、灌丛、荒地或山沟向阳处。

灯芯草

学名：*Juncus effusus* L.
俗名：水灯草、灯心草

灯芯草科 Juncaceae 灯芯草属 *Juncus*

多年生草本。根状茎粗壮横走。茎丛生，直立。叶全部为低出叶，呈鞘状或鳞片状，包围在茎的基部，叶片退化为刺芒状。聚伞花序假侧生，含多花，花被片线状披针形，顶端锐尖，背脊增厚突出，黄绿色，边缘膜质，外轮者稍长于内轮；雄蕊3枚，花药黄色，雌蕊花柱极短，柱头3分叉。蒴果长圆形或卵形，黄褐色；种子卵状长圆形，黄褐色。生于海拔1650~3400m的河边、池旁、水沟、稻田旁、草地及沼泽湿处。茎内白色髓心供点灯和烛心用，入药有利尿、清凉、镇静作用；茎皮纤维可作编织和造纸原料。

百脉根

学名：*Lotus corniculatus* L.
俗名：五叶草、牛角花

豆科 Fabaceae 百脉根属 *Lotus*

多年生草本，高15~50cm。全株散生稀疏白色柔毛或无毛。茎丛生，实心，近四棱形。羽状复叶，叶轴长4~8mm；小叶5，基部2小叶呈托叶状，斜卵形或倒披针状卵形；小叶柄长约1mm，密被黄色长柔毛。伞形花序；花序梗长3~10cm；花3~7，集生于花序梗顶端，长0.9~1.5cm；花萼钟形，萼齿近相等，与萼筒等长；花冠黄色或金黄色，旗瓣扁圆形，瓣片和瓣柄几等长，翼瓣和龙骨瓣等长，均稍短于旗瓣，龙骨瓣呈直角三角形弯曲，喙部窄尖；子房线形，花柱直，柱头点状。荚果线状圆柱形，长2~2.5cm，褐色，二瓣裂，扭曲，有多数种子。生于湿润而呈弱碱性的山坡、草地、田野或河滩地。牧草或饲料，蜜源植物。

草木樨

学名：*Melilotus officinalis*（L.）Pall.
俗名：白香草木樨、黄香草木樨、辟汗草、黄花草木樨、黄香草木樨

豆科 Fabaceae 草木樨属 *Melilotus*

二年生草本，高0.4~1（2.5）m。茎直立，粗壮，多分枝，具纵棱，微被柔毛。羽状三出复叶；叶柄细长；小叶倒卵形、阔卵形、倒披针形至线形，长15~25（30）mm，宽5~15mm，先端钝圆或截形，基部阔楔形，边缘具不整齐疏浅齿，下面散生短柔毛。花长3.5~7mm；花萼钟形，萼齿三角状披针形；花冠黄色，旗瓣倒卵形，与翼瓣近等长，龙骨瓣稍短或三者均近等长；雄蕊筒在花后常宿存包于果外；子房卵状披针形，胚珠4~8，花柱长于子房。荚果卵形，长3~5mm，宽约2mm，棕黑色；有种子1~2粒；种子卵形，长2.5mm，黄褐色，平滑。生于山坡、河岸、路旁、沙质草地及林缘。为常见牧草。

红车轴草

学名：*Trifolium pratense* L.
俗名：红三叶

豆科 Fabaceae 车轴草属 *Trifolium*

短期多年生草本。茎粗壮，具纵棱，直立或平卧上升。掌状三出复叶；托叶近卵形，膜质，基部抱茎；叶柄较长，茎上部的叶柄短，被伸展毛或秃净；小叶卵状椭圆形至倒卵形，长1.5~3.5（5）cm，宽1~2cm，先端钝，有时微凹，基部阔楔形，两面疏生褐色长柔毛，叶面常有“V”字形白斑。花序球状或卵状，顶生，具花30~70朵，密集；花长12~14（18）mm；几无花梗；萼钟形，被长柔毛；花冠紫红色至淡红色，旗瓣匙形，先端圆形，微凹缺，基部狭楔形，明显比翼瓣和龙骨瓣长，龙骨瓣稍比翼瓣短；子房椭圆形，花柱丝状细长，胚珠1~2。荚果卵形；通常有1粒扁圆形种子。逸生于林缘、路边、草地等湿润处。饲用、观赏等。

刺槐

学名：*Robinia pseudoacacia* L.
俗名：洋槐花、槐花、伞形洋槐、塔形洋槐

豆科 Fabaceae 刺槐属 *Robinia*

落叶乔木，高10~25m。树皮浅裂至深纵裂，稀光滑。小枝初被毛，后无毛；具托叶刺。羽状复叶长10~25（40）cm；小叶2~12对，常对生，椭圆形、长椭圆形或卵形，长2~5cm，先端圆，微凹，基部圆或宽楔形，全缘，幼时被短柔毛，后无毛。总状花序腋生，长10~20cm，下垂；花芳香；花萼斜钟形；花冠白色，花瓣均具瓣柄，旗瓣近圆形，反折，翼瓣斜倒卵形，与旗瓣几等长，长约1.6cm，龙骨瓣镰状，三角形；雄蕊二体；子房线形，无毛，花柱钻形，顶端具毛，柱头顶生。荚果线状长圆形，褐色或具红褐色斑纹，沿腹缝线具窄翅；花萼宿存，具2~15种子；种子近肾形，种脐圆形。现全国各地广泛栽植。优良固沙保土树种、行道树、用材，蜜源植物。

野大豆

学名：*Glycine soja* Siebold & Zucc.
俗名：乌豆、野黄豆、白花宽叶蔓豆、白花野大豆、山黄豆、小落豆

豆科 Fabaceae 大豆属 *Glycine*

一年生缠绕草本。全株疏被褐色长硬毛。根草质，侧根密生于主根上部。茎纤细，长1~4m。叶具3小叶，长达14cm。总状花序长约10cm；花小，长约5mm；苞片披针形；花萼钟状；花冠淡紫红色或白色，旗瓣近倒卵圆形，基部具短瓣，翼瓣斜半倒卵圆形，短于旗瓣，瓣片基部具耳，瓣柄与瓣片近等长，龙骨瓣斜长圆形，短于翼瓣，密被长柔毛。荚果长圆形，长1.7~2.3cm，宽4~5mm，稍弯，两侧扁；种子间稍缢缩，干后易裂，有种子2~3，椭圆形，稍扁，长2.5~4mm，宽1.8~2.5mm，褐色或黑色。生于海拔150~2650m潮湿的田边、园边、沟旁、河岸、湖边、沼泽、草甸、沿海和岛屿向阳的矮灌木丛或芦苇丛中。牧草、绿肥和水土保持植物，全草入药，茎皮纤维可织麻袋。

光荚含羞草

学名：*Mimosa bimucronata*（Candolle）O. Kuntze
俗名：簕仔树

豆科 Fabaceae 含羞草属 *Mimosa*

落叶灌木，高3~6m。小枝无刺，密被黄色茸毛。二回羽状复叶，羽片6~7对，长2~6cm，叶轴无刺，被短柔毛，小叶12~16对，线形，长5~7mm，宽1~1.5mm，革质，先端具小尖头，除边缘疏具缘毛外，余无毛，中脉略偏上缘。头状花序球形；花白色；花萼杯状，极小；花瓣长圆形，长约2mm，仅基部连合；雄蕊8枚，花丝长4~5mm。荚果带状，劲直，长3.5~4.5cm，宽约6mm，无刺毛，褐色，通常有5~7个荚节，成熟时荚节脱落而残留荚缘。逸生于疏林下。

毛杭子梢

学名：*Campylotropis hirtella*（Franch.）Schindl.
俗名：毛筅子梢

豆科 Fabaceae 杭子梢属 *Campylotropis*

高0.7~1m，全株被黄褐色长硬毛与小硬毛。枝有细纵棱。羽状复叶具3小叶；托叶线状披针形，长3~6mm；小叶近革质或纸质，三角状卵形或宽卵形。总状花序每1~2腋生并顶生，长达10cm余，通常于顶部形成无叶的大圆锥花序；花冠红紫色或紫红色，长12~14（15）mm，龙骨瓣略呈直角内弯；子房有毛。荚果宽椭圆形，长4.5~6mm，宽3~4mm，果颈长近1mm，顶端的喙尖长0.5~0.9mm。生于灌丛、林缘、疏林内、林下、山溪边以及山坡、向阳草地等处，海拔900~4100m。根药用，有祛痰、生新、活血、调经、消炎解毒之效。

三棱枝杭子梢

学名：*Campylotropis trigonoclada*（Franch.）Schindl.
俗名：三棱枝笐子梢

豆科 Fabaceae 杭子梢属 *Campylotropis*

高1~3m。小枝三棱形，有窄翅，通常无毛。叶具3小叶；叶柄长1~7cm，三棱形，通常具较宽的翅；小叶椭圆形、倒卵状椭圆形、长圆形或条形，长4~11cm，宽0.6~5cm。总状花序每1~2腋生并顶生；花冠黄色或淡黄色，长9~11（~12）mm，旗瓣略呈卵形而基部渐狭，具短瓣柄，龙骨瓣略直角内弯，瓣片上部比瓣片下部（连瓣柄）短1~1.5mm；子房有毛。荚果椭圆形，长（5.5）6~8mm，宽约4mm，果颈长约1.5mm。生于山坡灌丛、林缘、林内、草地或路边等处，海拔1000（500）~2800m。全株入药，清热解表，止咳；根治肠风下血、高热、赤痢。

小雀花

学名：*Campylotropis polyantha*（Franch.）Schindl.
俗名：多花杭子梢、多花胡枝子、绒柄杭子梢、大叶杭子梢、密毛小雀花

豆科 Fabaceae 杭子梢属 *Campylotropis*

灌木，高1~2m。嫩枝被短柔毛。叶具3小叶；叶柄长0.6~3.5mm，通常被柔毛；小叶椭圆形、长圆形、长圆状倒卵形或楔状倒卵形，长0.8~3（4）cm，宽0.4~2cm。总状花序长2~13cm，常顶生形成圆锥花序；花序梗长0.2~5cm；花梗长4~7mm；花冠粉红色、淡红紫色或近白色，长0.9~1.2cm，龙骨瓣呈直角或钝角内弯，瓣片上部较下部（连瓣柄）短1~2mm。荚果椭圆形或斜卵形，长7~9mm，宽3~5mm。多生于山坡及向阳地的灌丛中，在石质山地、干燥地以及溪边、沟旁、林边与林间等处均有生长，海拔1000（400）~3000m。根入药，能祛瘀、止痛、清热、利湿。

大叶胡枝子

学名：*Lespedeza davidii* Franch.

豆科 Fabaceae 胡枝子属 *Lespedeza*

灌木，高1~3m。小枝密被长柔毛。叶具3小叶；叶柄长1~4cm，密被短硬毛；小叶宽卵圆形或宽倒卵形。总状花序比叶长或于枝顶组成圆锥花序。花冠红紫色，长1~1.1cm，旗瓣倒卵状长圆形，基部具耳和短瓣柄，翼瓣窄长圆形，具弯钩形耳和细长瓣柄，龙骨瓣略呈弯刀形，具耳和瓣柄；子房密被毛。荚果卵形，长0.8~1cm，稍歪斜，先端具短尖，具网纹和稍密丝状毛。生于干旱山坡、路旁或灌丛中。可作水土保持植物。

尖叶铁扫帚

学名：*Lespedeza juncea*（L. f.）Pers.

俗名：尖叶胡枝子

豆科 Fabaceae 胡枝子属 *Lespedeza*

小灌木，高达1m。叶具3小叶；叶柄长0.5~1cm；小叶倒披针形、线状长圆形或窄长圆形，长1.5~3.5cm，宽2~7mm。总状花序稍超出叶，花3~7朵排列较密集，近似伞形花序；花冠白色或淡黄色，旗瓣基部带紫斑，龙骨瓣先端带紫色，旗瓣、翼瓣与龙骨瓣近等长，有时旗瓣较短；闭锁花簇生叶腋，近无梗。荚果宽卵形，两面被白色贴伏柔毛，稍超出宿萼。生于海拔1500m以下的山坡灌丛间。

截叶铁扫帚

学名：*Lespedeza cuneata*（Dum.-Cours.）G. Don
俗名：夜关门

豆科 Fabaceae 胡枝子属 *Lespedeza*

小灌木，高达1m。茎被柔毛。叶具3小叶，密集；叶柄短；小叶楔形或线状楔形，长1~3cm，宽2~7mm，先端平截或近平截，具小刺尖，基部楔形，上面近无毛，下面密被贴伏毛。总状花序具2~4花；花序梗极短；花萼5深裂，裂片披针形，密被贴伏柔毛；花冠淡黄色或白色，旗瓣基部有紫斑，翼瓣与旗瓣近等长，龙骨瓣稍长，先端带紫色；闭锁花簇生于叶腋。荚果宽卵形或近球形，被伏毛，长2.5~3.5mm，宽约2.5mm。生于海拔2500m以下的山坡路旁。

美丽胡枝子

学名：*Lespedeza thunbergii* subsp. *formosa*（Vogel）H. Ohashi
俗名：柔毛胡枝子、路生胡枝子、南胡枝子

豆科 Fabaceae 胡枝子属 *Lespedeza*

直立灌木，高1~2m。多分枝，枝伸展，被疏柔毛。托叶披针形至线状披针形，长4~9mm，褐色，被疏柔毛；小叶椭圆形、长圆状椭圆形或卵形，稀倒卵形，两端稍尖或稍钝。总状花序单一，腋生；总花梗长可达10cm；花萼钟状，长5~7mm，5深裂，裂片长圆状披针形；花冠红紫色，旗瓣近圆形或稍长，翼瓣倒卵状长圆形，短于旗瓣和龙骨瓣，长7~8mm。荚果倒卵形或倒卵状长圆形。生于沙土质的山坡及河岸等处。

山豆花

学名：*Lespedeza tomentosa*（Thunb.）Sieb.
俗名：茸毛胡枝子

豆科 Fabaceae 胡枝子属 *Lespedeza*

灌木，高达1m。叶具3小叶；叶柄长2~3cm；小叶质厚，椭圆形或卵状长圆形，长3~6cm，先端钝，有时微凹，有短尖头。总状花序在茎上部腋生或在枝顶成圆锥状花序，显著长于叶，花密集；花序梗粗壮，长4~8（~12）cm；花冠黄色或黄白色，长约1cm，旗瓣椭圆形，龙骨瓣与旗瓣近等长，翼瓣较短，长圆形；闭锁花生于茎上部叶腋，簇生。荚果倒卵形，长3~4mm，宽2~3mm，密被贴伏柔毛，具明显网纹。生于海拔1000m以下的干山坡草地及灌丛间。水土保持植物，又可作饲料及绿肥；根药用，健脾补虚，增进食欲及滋补。

铁马鞭

学名：*Lespedeza pilosa*（Thunb.）Sieb. & Zucc.

豆科 Fabaceae 胡枝子属 *Lespedeza*

多年生草本。全株密被长柔毛。茎平卧，长0.6~0.8（1）m。叶具3小叶；叶柄长0.6~1.5cm，小叶宽倒卵形或倒卵圆形，长1.5~2cm，先端圆，近平截或微凹，具小刺尖，基部圆或近平截，两面密被长柔毛。总状花序比叶短；花序梗极短；花冠黄白色或白色，长7~8mm，旗瓣椭圆形，具瓣柄，翼瓣较旗瓣、龙骨瓣短；闭锁；花常1~3集生于茎上部叶腋，无梗或几无梗，结实。荚果宽卵形，长3~4mm，先端具喙，两面密被长柔毛。生于海拔1000m以下的荒山坡及草地。全株药用，有祛风活络、健胃益气安神之效。

中华胡枝子

学名：*Lespedeza chinensis* G. Don
俗名：华胡枝子、中华垂枝胡枝子

豆科 Fabaceae 胡枝子属 *Lespedeza*

小灌木，高达1m。全株被白色贴伏柔毛。叶具3小叶，倒卵状长圆形至长圆形，先端平截、微凹或钝头，具小刺尖。总状花序不超出叶，花序梗极短；少花；花冠白色或黄色，旗瓣椭圆形，长约7mm，基部具2耳状物及瓣柄，翼瓣窄长圆形，长约6mm，具长瓣柄，龙骨瓣长约8mm，闭锁花簇生于茎下部叶腋。荚果卵圆形，先端具喙。生于海拔2500m以下的灌木丛中、林缘、路旁、山坡、林下草丛等处。

葫芦茶

学名：*Tadehagi triquetrum*（L.）Ohashi
俗名：懒狗舌、牛虫草、百劳舌

豆科 Fabaceae 葫芦茶属 *Tadehagi*

茎直立，高1~2m。幼枝三棱形，棱上被疏短硬毛。仅具单小叶；叶柄长1~3cm，两侧有宽翅，翅宽4~8mm；小叶窄披针形或卵状披针形；总状花序长15~30cm，被贴伏丝状毛和小钩状毛。花2~3朵簇生于每节上；花冠淡紫色或蓝紫色，长5~6mm，旗瓣近圆形，翼瓣倒卵形，基部具耳，龙骨瓣镰刀形，弯曲，瓣柄与瓣片近等长；子房被毛，胚珠5~8。荚果长2~5cm，宽约5mm，全部密被黄色或白色糙伏毛。生于荒地或山地林缘、路旁，海拔1400m以下。全株供药用，能清热解毒、健脾消食和利尿。

白刺花

学名：*Sophora davidii*（Franch.）Skeels
俗名：苦刺花、白刻针、马鞭采、马蹄针、狼牙刺、狼牙槐、铁马胡烧

豆科 Fabaceae 槐属 *Sophra*

灌木或小乔木，高1~2.5（4）m。芽外露。枝直立开展，棕色，无毛，不育枝末端变成刺状。叶长4~6cm，具11~21小叶，叶柄基部不膨大；托叶部分变成刺状部分脱落，无小托叶；小叶椭圆状卵形或倒卵状长圆形，长1~1.5cm，先端圆或微凹，具芒尖。总状花序顶生，有花6~12朵；花冠白色或淡黄色，有时旗瓣稍带红紫色，旗瓣倒卵状长圆形，翼瓣与旗瓣等长，龙骨瓣比翼瓣稍短，基部有钝耳，雄蕊10，等长，花丝基部连合不及1/3。荚果串珠状，长6~8cm，疏生毛或近无毛，具3~5种子；种子卵圆形，长约4mm。生于海拔2500m以下河谷沙丘和山坡路边的灌木丛中。水土保持树种，亦可供观赏。

紫云英

学名：*Astragalus sinicus* L.
俗名：红花草籽

豆科 Fabaceae 黄芪属 *Astragalus*

二年生草本。茎匍匐，多分枝，长10~30cm，疏被白色柔毛。羽状复叶长5~15cm，有7~13小叶；小叶倒卵形或椭圆形，长1~1.5cm，先端钝，基部宽楔形。总状花序有5~10花，花密集呈伞形；花序梗较叶长；苞片三角状卵形；花冠紫红色，稀橙黄色，旗瓣倒卵形，长1~1.1cm，基部渐窄成瓣柄，翼瓣较旗瓣短，龙骨瓣与旗瓣近等长；子房无毛或疏被白色短柔毛，具短柄。荚果线状长圆形，稍弯曲，长1.2~2cm。生于海拔400~3000m间的山坡、溪边及潮湿处。重要的绿肥作物和牲畜饲料，嫩梢亦供蔬食。

长萼鸡眼草

学名：*Kummerowia stipulacea*（Maxim.）Makino
俗名：圆叶鸡眼草、野苜蓿草、掐不齐、短萼鸡眼草

豆科 Fabaceae 鸡眼草属 *Kummerowia*

高7~15cm。茎平伏、上升或直立；茎和枝上被疏生向上的白毛，有时仅节上有毛。叶具3小叶；小叶倒卵形、宽倒卵形或倒卵状楔形，长0.5~1.8cm，先端微凹或近平截，基部楔形。花常1~2朵腋生；花冠上部暗紫色，长5.5~7mm，旗瓣椭圆形，先端微凹，下部渐窄成瓣柄，较龙骨瓣短，翼瓣窄披针形，与旗瓣近等长，龙骨瓣钝，上面有暗紫色斑点。荚果椭圆形或卵形，较宿萼长1.5~3倍，长约3mm，稍侧扁。生于路旁、草地、山坡、固定或半固定沙丘等处，海拔100~1200m。全草药用，能清热解毒、健脾利湿；又可作饲料及绿肥。

鸡眼草

学名：*Kummerowia striata*（Thunb.）Schindl.
俗名：公母草、牛黄黄、掐不齐、三叶人字草、鸡眼豆

豆科 Fabaceae 鸡眼草属 *Kummerowia*

一年生草本，披散或平卧。叶为三出羽状复叶，膜质托叶大，卵状长圆形，小叶纸质，倒卵形至长圆形，先端圆形，基部近圆形，全缘。花小，单生或2~3朵簇生于叶腋，花萼钟状，带紫色，5裂，花冠粉红色或紫色，较萼约长1倍，旗瓣椭圆形，具耳，龙骨瓣比旗瓣稍长或近等长，翼瓣比龙骨瓣稍短。荚果圆形或倒卵形，先端短尖。生于路旁、田边、溪旁、沙质地或缓山坡草地，海拔500m以下。全草供药用，有利尿通淋、解热止痢之效；全草煎水，可治风疹；又可作饲料和绿肥。

双荚决明

学名：*Senna bicapsularis*（L.）Roxb.
俗名：金边黄槐、双荚黄槐、腊肠仔树

豆科 Fabaceae 决明属 *Senna*

直立灌木，多分枝，无毛。叶长7~12cm，有小叶3~4对；叶柄长2.5~4cm；小叶倒卵形或倒卵状长圆形，膜质，长2.5~3.5cm，宽约1.5cm，顶端圆钝，基部渐狭，偏斜。总状花序生于枝条顶端的叶腋间，常集成伞房花序状，长度约与叶相等，花鲜黄色，径约2cm；雄蕊10枚，7枚能育，3枚退化而无花药，能育雄蕊中有3枚特大，高出于花瓣，4枚较小，短于花瓣。荚果圆柱状，膜质，直或微曲，长13~17cm，径1.6cm，缝线狭窄；种子2列。广布于全世界热带地区。可作绿肥、绿篱及观赏植物。

苦参

学名：*Sophora flavescens* Alt.
俗名：野槐、山槐、白茎地骨、地槐、牛参、好汉拔

豆科 Fabaceae 苦参属 *Sophora*

草本或亚灌木，高1~2m。茎皮黄色，小叶13~25（29），椭圆形、卵形或线状披针形，长3~4（6）cm，先端钝或急尖，基部宽楔形，芽外露。总状花序顶生，长15~25cm，疏生多花；花冠白色或淡黄色，旗瓣倒卵状匙形，长1.4~1.5cm，翼瓣单侧生，皱褶几达顶部，长约1.3cm，龙骨瓣与翼瓣近等长；雄蕊10，花丝分离或基部稍连合；子房线形。荚果线形或钝四棱形，革质，长5~10cm，具1~5种子；种子长卵圆形，稍扁，长约6mm，深红褐色或紫褐色。生于山坡、沙地草坡灌木林中或田野附近，海拔1500m以下。入药有清热利湿、抗菌消炎、健胃驱虫之效，种子可作农药，茎皮纤维可织麻袋等。

狸尾豆

学名：*Uraria lagopodioides*（L.）Desv. ex DC.
俗名：狐狸尾、兔尾草、大叶兔尾草、狸尾草

豆科 Fabaceae 狸尾豆属 *Uraria*

多年生草本。茎平卧或斜展，长达60cm，被短柔毛。叶多为3小叶，有时兼有单小叶；叶柄长1~2cm，小叶纸质，顶生小叶近圆形、椭圆形或卵形，长2~6cm，先端圆或微凹，有细尖，基部圆或心形。总状花序顶生，长3~6cm，花排列紧密；花冠长约6mm，浅紫色，旗瓣倒卵形，基部渐窄；子房无毛，胚珠1~2。荚果小，包藏于萼内，有荚节1~2；荚节椭圆形，长约2.5mm，黑褐色，膨胀，无毛，有光泽。多生于旷野坡地灌丛中，海拔1000m以下。全草供药用，有消肿、驱虫之效。

猫尾草

学名：*Uraria crinita*（L.）Desv. ex DC.
俗名：布狗尾、猫尾射、牛春花、土狗尾、兔尾草、虎尾轮

豆科 Fabaceae 狸尾豆属 *Uraria*

直立，高1~1.5m。分枝少，被灰色短毛。奇数羽状复叶，茎下部小叶通常为3，上部为5，少有为7；小叶近革质，长椭圆形、卵状披针形或卵形，顶端小叶长6~15cm，宽3~8cm，侧生小叶略小，先端略急尖、钝或圆形，基部圆形至微心形。总状花序顶生，长15~30cm或更长，粗壮，密被灰白色长硬毛；花冠紫色，长6mm。荚果略被短柔毛；荚节2~4，椭圆形，具网脉。花果期4~9月。多生于干燥旷野坡地、路旁或灌丛中，海拔850m以下。全草供药用，有散瘀止血、清热止咳之效。

鹿藿

学名：*Rhynchosia volubilis* Lour.
俗名：痰切豆、老鼠眼

豆科 Fabaceae 鹿藿属 *Rhynchosia*

缠绕草质藤本。全株各部多少被灰色至淡黄色柔毛。茎略具棱。叶为羽状或有时近指状3小叶；叶柄长2~5.5cm；小叶纸质，顶生小叶菱形或倒卵状菱形，长3~8cm，宽3~5.5cm，先端钝，或为急尖，基部圆形或阔楔形。总状花序长1.5~4cm，1~3个腋生；花长约1cm，排列稍密集；花梗长约2mm；花萼钟状，长约5mm，裂片披针形；花冠黄色，旗瓣近圆形，有宽而内弯的耳，冀瓣倒卵状长圆形，基部一侧具长耳，龙骨瓣具喙；雄蕊二体。荚果长圆形，红紫色；种子通常2，椭圆形或近肾形，黑色，光亮。常生于海拔200~1000m的山坡路旁草丛中。根祛风和血、镇咳祛痰，治风湿骨痛、气管炎；叶外用治疥疮。

蔓草虫豆

学名：*Cajanus scarabaeoides*（L.）Thouars
俗名：虫豆、白蔓草虫豆

豆科 Fabaceae 木豆属 *Cajanus*

缠绕草质藤本。茎细弱，全株被红褐色或灰褐色短柔毛。羽状复叶具3小叶；叶柄长1~3cm；顶生小叶椭圆形或倒卵状椭圆形，长1.5~4cm，先端钝或圆，基部近圆形，基出脉3，侧生小叶稍小，偏斜。总状花序腋生，长约2cm，有1~5花；花冠黄色，长约1cm，旗瓣倒卵形，有暗紫色条纹，瓣片基部两侧各具1耳，翼瓣短于旗瓣，龙骨瓣略长于翼瓣，均具瓣柄及耳。荚果长圆形，长1.5~2.5cm，种子间有横缢线。生于旷野、路旁或山坡草丛中；海拔150~1500m。叶入药，有健胃、利尿之功效用。

木豆

学名：*Cajanus cajan*（L.）Millsp.
俗名：三叶豆

豆科 Fabaceae 木豆属 *Cajanus*

直立灌木，高1~3m。茎多分枝。小枝被灰色短柔毛。羽状复叶具3小叶；叶柄长1.5~5cm，疏被短柔毛；小叶披针形至椭圆形，长5~10cm，先端渐尖或急尖，基部渐窄。总状花序腋生，长3~7cm；花序梗长2~4cm，被灰黄色短柔毛；花数朵簇生于花序轴的顶部或近顶部；花冠黄色，长1.8~2cm，旗瓣近圆形，背面有紫褐色条纹，基部有附属体及耳，翼瓣稍短于旗瓣，龙骨瓣短于翼瓣，均具瓣柄；子房被毛。荚果线状长圆形，长4~7cm，宽0.6~1.1cm，密被灰色短柔毛，具3~6种子；种子间有凹陷的斜槽。主粮和菜肴之一，常作包点馅料；家畜饲料、绿肥。

多花木蓝

学名：*Indigofera amblyantha* Craib

豆科 Fabaceae 木蓝属 *Indigofera*

直立灌木，高0.8~2m。茎圆柱形，幼枝禾秆色，具棱，被白色平伏丁字毛。羽状复叶长约18cm；叶柄长2~5cm；小叶3~5对，对生，稀互生，形状多变，常为卵状长圆形、长圆状椭圆形，长1~3.7（6.5）cm，先端圆钝，基部楔形或宽楔形。总状花序长约11（~15）cm，近无花序梗；花梗长约1.5mm；花冠淡红色，旗瓣倒宽卵形，长6~6.5mm，翼瓣长约7mm，龙骨瓣较翼瓣短，距长1mm；花药无毛；子房被毛，胚珠17~18。荚果圆柱形，长3.5~6（7）cm，被丁字毛；种子长圆形，长约2.5mm。生于山坡草地、沟边、路旁灌丛中及林缘，海拔600~1600m。全草入药，有清热解毒、消肿止痛之效。

花木蓝

学名：*Indigofera kirilowii* Maxim. ex Palibin
俗名：吉氏木蓝

豆科 Fabaceae 木蓝属 *Indigofera*

小灌木，高0.3~1m。茎圆柱形，幼枝具棱，与叶轴、小叶两面及花序均疏生白色丁字毛。羽状复叶长6~15cm，叶柄长1~2.5cm；小叶（2）3~5对，对生，宽卵形、卵状菱形或椭圆形，长1.5~4cm，先端圆钝或急尖，基部楔形或宽楔形。总状花序疏花，长5~12（~20）cm；花冠淡红色，稀白色，旗瓣椭圆形，长1.2~1.5（1.7）cm，外面无毛，与翼瓣、龙骨瓣近等长；花药两端有髯毛；子房无毛。荚果圆柱形，长3.5~7cm，无毛，具10余种子；果柄平展；种子赤褐色，长圆形，长5mm。生于山坡灌丛及疏林内或岩缝中。茎皮纤维供制人造棉、纤维板和造纸用，枝条可编筐，种子含油及淀粉，叶含鞣质。

深紫木蓝

学名：*Indigofera atropurpurea* Bench.-Ham. ex Hornem.
俗名：线苞木蓝

豆科 Fabaceae 木蓝属 *Indigofera*

灌木或小乔木，高1.5~5m。茎圆柱形，嫩枝具棱。羽状复叶长达24cm；叶柄长达2.5~3.5cm；小叶3~9（10）对，对生，膜质，卵形或椭圆形，长1.5~6.5（8）cm，宽1~3.5cm。总状花序长8~15（28）cm；花冠深紫色，花瓣近等长并具短瓣柄，旗瓣长圆状椭圆形，长7~8.5mm，外面无毛，龙骨瓣中下部有距；花药球形，基部有疏髯毛。荚果圆柱形，下垂，长2.5~5cm，顶端锐尖，两侧缝线加厚，幼时疏被毛，具6~9种子，种子间有横隔；种子赤褐色，近方形。生于山坡路旁灌丛中、山谷疏林中及路旁草坡和溪沟边，海拔300~1600m。

苜蓿

学名：*Medicago sativa* L.
俗名：紫苜蓿、紫花苜蓿

豆科 Fabaceae 苜蓿属 *Medicago*

多年生草本，高0.3~1m。茎直立、丛生以至平卧，四棱形，无毛或微被柔毛。羽状三出复叶；托叶大，卵状披针形；小叶长卵形、倒长卵形或线状卵形，长1~4cm；顶生小叶柄比侧生小叶柄稍长。花序总状或头状，长1~2.5cm，具5~10花；花序梗比叶长；花长0.6~1.2cm；花梗长约2mm；花萼钟形，萼齿比萼筒长；花冠淡黄色、深蓝色或暗紫色，花瓣均具长瓣柄，旗瓣长圆形，明显长于翼瓣和龙骨瓣，龙骨瓣稍短于翼瓣。荚果螺旋状，紧卷2~6圈，有10~20种子；种子卵圆形，平滑。生于田边、路旁、旷野、草原、河岸及沟谷等地。优良牧草。

南苜蓿

学名：*Medicago polymorpha* L.
俗名：金花菜、黄花草子

豆科 Fabaceae 苜蓿属 *Medicago*

一年生或二年生草本，高20~90cm。茎平卧、上升或直立，近四棱形，基部分枝，无毛或微被毛。羽状三出复叶；托叶大，卵状长圆形，长4~7mm；叶柄细柔，长1~5cm；小叶倒卵形或三角状倒卵形，几等大，长0.7~2cm，边缘1/3以上具浅锯齿。花序头状伞形，腋生，具1~10花；花冠黄色，旗瓣倒卵形，比翼瓣和龙骨瓣长，翼瓣长圆形，基部具耳和稍宽的瓣柄，齿突甚发达，龙骨瓣比翼瓣稍短；子房长圆形，镰状上弯，微被毛。荚果盘形，暗绿褐色，紧旋1.5~2.5圈，径0.4~1cm，有辐射状脉纹，近边缘处环结，内具1~2种子；种子长肾形，平滑。常栽培或呈半野生状态。

天蓝苜蓿

学名：*Medicago lupulina* L.
俗名：天蓝

豆科 Fabaceae 苜蓿属 *Medicago*

一年生、二年生或多年生草本。羽状三出复叶；托叶卵状披针形，常齿裂；下部叶柄较长，长1~2cm，上部叶柄比小叶短，小叶倒卵形、宽倒卵形或倒心形，长0.5~2cm，上半部边缘具不明显尖齿，两面被毛，侧脉近10对。花序小，头状，具10~20花；花序梗细，比叶长，密被贴伏柔毛；苞片刺毛状，甚小；花萼钟形，密被毛；花冠黄色，旗瓣近圆形，翼瓣和龙骨瓣近等长，均比旗瓣短；子房宽卵圆形，胚珠1。荚果肾形，长约3mm；种子卵圆形，平滑。常见于河岸、路边、田野及林缘。

大叶千斤拔

学名：*Flemingia macrophylla*（Willd.）Prain

豆科 Fabaceae 千斤拔属 *Flemingia*

直立灌木，高0.8~2.5m。幼枝密被灰色或灰褐色丝质柔毛。叶具掌状3小叶；托叶披针形，长达2cm，早落；叶柄长3~6cm，具窄翅，被丝质柔毛；顶生小叶宽披针形至椭圆形，长8~15cm，宽4~7cm，先端渐尖，基部楔形；侧生小叶略小，偏斜。总状花序常数枚簇生于叶腋，长3~8cm；花冠紫红色，长0.8~1cm，旗瓣长椭圆形，瓣片基部具短瓣柄，两侧各具1耳，翼瓣窄椭圆形，龙骨瓣稍长于翼瓣；子房被丝质毛。荚果椭圆形，长1~1.6cm，宽7~9mm，疏短柔毛，具1~2种子。生于旷野草地上或灌丛中，海拔200~1500m。根供药用，能祛风活血、强腰壮骨，治风湿骨痛。

千斤拔

学名：*Flemingia prostrata* C. Y. Wu
俗名：钻地风、老鼠尾、一条根、吊马墩、吊马桩、蔓千斤拔、土黄鸡

豆科 Fabaceae 千斤拔属 *Flemingia*

蔓性半灌木。幼枝密被灰褐色短柔毛。叶具掌状3小叶；托叶线状披针形，长0.6~1cm，被毛，宿存；叶柄长2~2.5cm；顶生小叶长椭圆形或卵状披针形，长4~8cm，宽1.7~3cm，先端钝，基部圆，上面疏被短柔毛，下面毛较密；侧生小叶稍小，微偏斜；子房被毛。荚果椭圆形，长7~8mm，被短柔毛，有2种子。生于平地旷野或山坡路旁草地上，海拔50~300m。根供药用，有祛风除湿、舒筋活络、强筋壮骨、消炎止痛等功效。

含羞草山扁豆

学名：*Chamaecrista mimosoides* Standl.
俗名：还瞳子、黄瓜香、梦草、山扁豆、含羞草决明

豆科 Fabaceae 山扁豆属 *Chamaecrista*

一年生或多年生亚灌木状草本，高达60cm。多分枝，枝条被微柔毛。羽状复叶长4~8cm，叶柄的上端和最下1对小叶的下方有1圆盘状腺体；小叶20~50对，线状镰形，长3~4mm，先端短急尖，两侧不对称，中脉靠近上缘，干时呈红褐色。花序腋生，花1或数朵聚生；花瓣黄色，不等大，具短瓣柄，稍长于萼片；雄蕊10，5长5短相间而生。荚果镰形，扁平，长2.5~5cm，宽约4mm；果柄长1.5~2cm；种子10~16。生于坡地或空旷地的灌木丛或草丛中。改土植物，绿肥；其幼嫩茎叶可以代茶；根治痢疾。

牧地山黧豆

学名：*Lathyrus pratensis* L.
俗名：牧地香豌豆

豆科 Fabaceae 山黧豆属 *Lathyrus*

多年生草本，高0.3~1.2m。茎斜升、平卧或攀缘，无翅。叶具1对小叶，叶轴末端的卷须单一或分枝；小叶椭圆形、披针形或线状披针形，长1~3（5）cm，先端渐尖，基部宽楔形或近圆，两面或多或少被毛，具平行脉。总状花序腋生，长于叶数倍，具5~12花；花冠黄色，长1.2~1.8cm，旗瓣长约1.4cm，瓣片近圆形，宽7~9mm，下部变窄为瓣柄，翼瓣稍短于旗瓣，瓣片近倒卵形，基部具耳及线形瓣柄，龙骨瓣稍短于翼瓣，瓣片近半月形，基部具耳及线形瓣柄。荚果线形，长2.3~4.4cm，宽5~6mm，黑色，具网纹；种子近圆形，平滑，黄色或棕色。生于山坡草地、疏林下、路旁阴处，海拔1000~3000m。饲料及蜜源植物。

长波叶山蚂蝗

学名：*Desmodium sequax* Wall.
俗名：瓦子草、波叶山蚂蝗

豆科 Fabaceae 山蚂蝗属 *Desmodium*

灌木，高1~2m。幼枝和叶柄被锈色柔毛，有时混有小钩状毛。叶具3小叶，顶生小叶卵状椭圆形或圆菱形，先端急尖，基部楔形，边缘自中部以上呈波状。总状或圆锥花序，花常2朵生于每节上，花冠紫色，旗瓣椭圆形或宽椭圆形，翼瓣窄椭圆形，具瓣柄和耳，龙骨瓣具长瓣柄，龙骨瓣与翼瓣等长，单体雄蕊。荚果两缝线缢缩呈念珠状，长3~4.5cm，宽3mm，有6~10荚节，密被锈或褐色小钩状毛。生于山地草坡或林缘，海拔1000~2800m。中国特有种。

小叶三点金

学名：*Desmodium microphyllum*（Thunb.）DC.
俗名：小叶山蚂蝗、小叶山绿豆

豆科 Fabaceae 山蚂蝗属 *Desmodium*

多年生草本；平卧或直立。茎多分枝，纤细，通常红褐色，近无毛。叶具3小叶，有时为单小叶；叶柄长2~3mm；小叶倒卵状长椭圆形或长椭圆形，长1~1.2cm，宽4~6mm，先端圆，基部宽楔形。总状花序顶生或腋生，被黄褐色开展柔毛；有花6~10朵，花小，长约5mm；花冠粉红色，与花萼近等长，旗瓣倒卵形或倒卵状圆形，中部以下渐狭；具短瓣柄，翼瓣倒卵形，具耳和瓣柄，龙骨瓣长椭圆形，较翼瓣长，弯曲。荚果长12mm，宽约3mm，腹背两缝线浅齿状，通常有荚节3~4，荚节近圆形，扁平；有网脉。生于荒地草丛中或灌木林中，海拔150~2500m。

小槐花

学名：*Ohwia caudata*（Thunberg）H. Ohashi
俗名：山扁豆、粘人麻、黏草子、粘身柴咽、拿身草

豆科 Fabaceae 小槐花属 *Ohwia*

灌木或亚灌木，高达2m。叶具3小叶；叶柄长1.5~4cm，两侧具极窄的翅；顶生小叶披针形或长圆形，长5~9cm，侧生小叶较小，先端渐尖、急尖或短渐尖，基部楔形，侧脉10~12对。总状花序长5~30cm，花序轴密被柔毛；花梗长3~4mm；花萼窄钟形，长3.5~4mm，裂片披针形；花冠绿白色或黄白色，有明显脉纹，长约5mm，旗瓣椭圆形，翼瓣窄长圆形，龙骨瓣长圆形，均具瓣柄，雌蕊长约7mm。荚果线形，扁平；荚节长椭圆形。生于山坡、路旁草地、沟边、林缘或林下，海拔150~1000m。根、叶供药用；可作牧草。

鞍叶羊蹄甲

学名：*Bauhinia brachycarpa* Wall. ex Benth.
俗名：马鞍叶、夜关门、马鞍叶羊蹄甲、小马鞍叶羊蹄甲、马鞍羊蹄甲、小鞍叶羊蹄甲、毛鞍叶羊蹄甲、刀果鞍叶羊蹄甲

豆科 Fabaceae 羊蹄甲属 *Bauhinia*

直立或攀缘小灌木。小枝纤细，具棱，被微柔毛。叶纸质或膜质，近圆形，通常宽度大于长度，长3~6cm，宽4~7cm。伞房式总状花序侧生，连总花梗长1.5~3cm，有密集的花10余朵；花瓣白色，倒披针形，连瓣柄长7~8mm，具羽状脉；能育雄蕊通常10枚，其中5枚较长；子房被茸毛，具短的子房柄，柱头盾状。荚果长圆形，扁平，长5~7.5cm，宽9~12mm；种子2~4粒，卵形，褐色。生于海拔800~2200m的山地草坡和河溪旁灌丛中。

野扁豆

学名：*Dunbaria villosa*（Thunb.）Makino
俗名：野赤小豆、毛野扁豆

豆科 Fabaceae 野扁豆属 *Dunbaria*

多年生缠绕藤本。茎细弱，疏被短柔毛。羽状复叶具3小叶；顶生小叶菱形或近三角形，长1.5~3.5cm，先端渐尖或急尖，基部圆、宽楔形或近截形；侧生小叶略小而偏斜。总状花序或复总状花序腋生，长1.5~5cm，有2~7花；花冠黄色，旗瓣近圆形或横椭圆形，长1.3~1.4cm，具短瓣柄，翼瓣短于旗瓣，微弯，龙骨瓣与翼瓣等长，上部弯呈喙状，均具瓣柄和耳；子房密被短柔毛和锈色腺点，近无柄。荚果线状长圆形，长3~5cm，宽约8mm，扁平，微弯，疏被短柔毛或几无毛，近无果柄，有6~7粒种子。生于旷野或山谷路旁灌丛中。

广布野豌豆

学名：*Vicia cracca* L.
俗名：鬼豆角、落豆秧、草藤、灰野豌豆

豆科 Fabaceae 野豌豆属 *Vicia*

多年生草本，高0.4~1.5m。茎攀缘或蔓生，有棱，被柔毛。偶数羽状复叶，叶轴顶端卷须2~3分枝；托叶半箭头形或戟形；小叶5~12对，互生，线形、长圆形或线状披针形，长1.1~3cm。总状花序与叶轴近等长；花10~40密集；花萼钟状，萼齿5；花冠紫色、蓝紫色或紫红色，旗瓣长圆形，瓣柄与瓣片近等长，翼瓣与旗瓣近等长，明显长于龙骨瓣；子房有柄，胚珠4~7。荚果长圆形或长圆菱形，长2~2.5cm，顶端有喙；种子3~6，扁圆球形，种皮黑褐色。广布于我国各省份的草甸、林缘、山坡、河滩草地及灌丛。水土保持绿肥作物，牛羊喜食饲料，蜜源植物。

救荒野豌豆

学名：*Vicia sativa* L.
俗名：苕子、给希－额布斯、马豆、野毛豆、雀雀豆、山扁豆、草藤、箭舌野豌豆、野菉豆、野豌豆、薇、大巢菜

豆科 Fabaceae 野豌豆属 *Vicia*

一年生或二年生草本，高0.15~1m。茎斜升或攀缘，单一或多分枝，具棱，被微柔毛。偶数羽状复叶长2~10cm，卷须有2~3分枝；小叶2~7对，长椭圆形或近心形，长0.9~2.5cm，先端圆或平截，有凹，具短尖头，基部楔形，侧脉不甚明显，两面被贴伏黄柔毛。花1~2（4），腋生，近无梗；萼钟形，外面被柔毛，萼齿披针形或锥形；花冠长1.8~3cm，紫红色或红色，旗瓣长倒卵圆形，先端圆，微凹，中部两侧缢缩，翼瓣短于旗瓣，龙骨瓣短于翼瓣；胚珠4~8。荚果线状长圆形，成熟后呈黄色，种子间稍缢缩，有毛。生于海拔50~3000m荒山、田边草丛及林中。绿肥及优良牧草，全草药用。

山野豌豆

学名：*Vicia amoena* Fisch. ex DC.
俗名：豆豌豌、落豆秧、白花山野豌豆、狭叶山野豌豆、绢毛山野豌豆

豆科 Fabaceae 野豌豆属 *Vicia*

多年生草本，高0.3~1m。全株疏被柔毛，稀近无毛。茎具棱，多分枝，斜升或攀缘。偶数羽状复叶长5~12cm，几无柄，卷须有2~3分枝；托叶半箭头形，边缘有3~4裂齿，长1~2cm；小叶互生或近对生，椭圆形或卵状披针形，长1.3~4cm。总状花序通常长于叶；具10~20（30）朵密生的花；花冠红紫色、蓝紫色或蓝色；花萼斜钟状，萼齿近三角形，上萼齿明显短于下萼齿；旗瓣倒卵圆形，长1~1.6cm，瓣柄较宽，翼瓣与旗瓣近等长，瓣片斜倒卵形，龙骨瓣短于翼瓣；子房无毛，花柱上部四周被毛，子房柄长约0.4cm。荚果长圆形。生于海拔80~7500m草甸、山坡、灌丛或杂木林中。优良牧草；药用，有祛湿、清热解毒之效。

歪头菜

学名：*Vicia unijuga* A. Br.
俗名：豆叶菜、偏头草、鲜豆苗、山豌豆、豆苗菜、三叶、两叶豆苗

豆科 Fabaceae 野豌豆属 *Vicia*

多年生草本，高0.4~1（1.8）m。茎常丛生，具棱，疏被柔毛，老时无毛。叶轴顶端具细刺尖，偶见卷须；托叶戟形或近披针形，边缘有不规则齿；小叶1对，卵状披针形或近菱形，先端尾状渐尖，基部楔形，边缘具小齿状，两面均疏被微柔毛。总状花序单一，长4.5~7cm，有8~20朵密集的花；花冠蓝紫色、紫红色或淡蓝色，长1~1.6cm，旗瓣中部两侧缢缩呈倒提琴形，长1.1~1.5cm，龙骨瓣短于翼瓣；子房无毛，胚珠2~8，具子房柄，花柱上部四周被毛。荚果扁，长圆形，长2~3.5cm，无毛，棕黄色，近革质。生于低海拔至4000m山地、林缘、草地、沟边及灌丛。优良牧草，嫩时亦可为蔬菜，全草药用。

假地蓝

学名：*Crotalaria ferruginea* Grah. ex Benth.
俗名：黄花野百合、野花生、大响铃豆

豆科 Fabaceae 猪屎豆属 *Crotalaria*

草本，基部常木质，高0.6~1.2m。茎直立或铺地蔓延，多分枝，被棕黄色伸展长柔毛。单叶，椭圆形，长2~6cm，宽1~3cm。总状花序顶生或腋生，有2~6花；花冠黄色，旗瓣长椭圆形，长0.8~1cm，翼瓣长圆形，长约8mm，龙骨瓣与翼瓣等长，中部以上变窄成扭转的长喙，包被萼内或与之等长；子房无柄。荚果长圆形，无毛，长2~3cm，有20~30种子。生于山坡疏林及荒山草地，海拔400~1000m。药用，绿肥，牧草及水土保持植物。

狭叶猪屎豆

学名：*Crotalaria ochroleuca* G. Don

豆科 Fabaceae 猪屎豆属 *Crotalaria*

直立草本或亚灌木，高150cm。茎枝通常有棱，幼时被短柔毛。小叶线形或线状披针形，长5~9（12）cm，宽0.5~1cm，先端渐尖，具短尖头，基部阔楔形；小叶柄长约1mm。总状花序顶生，长10~15cm，有花10~15朵，疏离；花冠淡黄色或白色，远伸出萼外，旗瓣长圆形，长8~12mm，基部具胼胝体2枚，翼瓣倒卵形，长约13mm，龙骨瓣最长，长约17mm，下部边缘被微柔毛，中部以上变狭，形成长喙；子房无柄。荚果长圆形，长约4cm，径1.5~2cm，被稀疏的短柔毛；种子20~30粒，肾形。生于荒地薄土密阴干燥处。

响铃豆

学名：*Crotalaria albida* Heyne ex Roth

豆科 Fabaceae 猪屎豆属 *Crotalaria*

多年生直立草本，基部常木质，高30~80cm。茎上部分枝，被紧贴的短柔毛。单叶，倒卵形、长圆状椭圆形或倒披针形，长1~2.5cm，先端钝或圆，具细小的短尖头，基部楔形。总状花序顶生或腋生，有20~30花，长达20cm；花冠淡黄色，旗瓣椭圆形，长6~8mm，先端具束状柔毛，基部胼胝体可见，翼瓣长圆形，约与旗瓣等长，龙骨瓣弯曲几达90°，中部以上变窄形成扭转的长喙；子房无柄。荚果短圆柱形，长约1cm，无毛，稍伸出宿萼外，有6~12种子。生于荒地路旁及山坡疏林下，海拔200~2800m。药用，可清热解毒、消肿止痛，治跌打损伤、关节肿痛等症。

紫荆

学名：*Cercis chinensis* Bunge

俗名：老茎生花、紫珠、裸枝树、满条红、白花紫荆、短毛紫荆

豆科 Fabaceae 紫荆属 *Cercis*

灌木，高达5m。小枝灰白色，无毛。叶近圆形或三角状圆形，长5~10cm，先端急尖，基部浅或深心形；叶柄长2.5~4cm。花紫红色或粉红色，2~10余朵成束，簇生于老枝和主干上；花长1~1.3cm；龙骨瓣基部有深紫色斑纹；子房嫩绿色，花蕾时光亮无毛，后期则密被短柔毛，胚珠6~7。荚果扁，窄长圆形，绿色，长4~8cm，宽1~1.2cm，翅宽约1.5mm，顶端急尖或短渐尖，喙细而弯曲，基部长渐尖，两侧缝线对称或近对称；果径2~4mm；种子2~6，宽长圆形，长5~6mm，黑褐色，光亮。为常见栽培植物，多植于庭园、屋旁、寺街边，少数密植于林或石灰岩地区。树皮可入药。

紫雀花

学名：*Parochetus communis* Buch.-Ham ex D. Don Prodr.
俗名：金雀花

豆科 Fabaceae 紫雀花属 *Parochetus*

高10~20cm，被稀疏柔毛。掌状三出复叶；小叶倒心形，长0.8~2cm，全缘。花单生或2~3组成伞形花序，生于叶腋；花长约2cm；花冠淡蓝色或蓝紫色，稀白色或淡红色，旗瓣宽倒卵形，基部窄至瓣柄，脉纹明显，翼瓣长圆状镰形，基部有耳，稍短于旗瓣，龙骨瓣比翼瓣稍短；雄蕊二体，上方1枚分离，其余9枚合生；子房线状披针形，无毛，胚珠多数。荚果线形，膨胀，稍压扁，具8~12种子；种子肾形，棕色，种脐侧生，无种阜。生于林缘草地、山坡、路旁荒地，海拔2000~3000m。

杜鹃

学名：*Rhododendron simsii* Planch.
俗名：唐杜鹃、照山红、映山红、山石榴、山踯蠋、杜鹃花

杜鹃花科 Ericaceae 杜鹃花属 *Rhododendron*

落叶灌木，高达2m。枝被亮棕色扁平糙伏毛。叶卵形、椭圆形或卵状椭圆形，具细齿。花2~6簇生枝顶，花萼5深裂，花冠漏斗状，玫瑰色、鲜红色或深红色，5裂，裂片上部有深色斑点；雄蕊10，与花冠等长，子房10室。蒴果卵圆形，有宿萼。生于山地疏灌丛或松林下，海拔500~2500m。药用，花卉植物。

碎米花

学名：*Rhododendron spiciferum* Franch.

杜鹃花科 Ericaceae 杜鹃花属 *Rhododendron*

小灌木，高0.2~0.6（2）m。多分枝，枝条细瘦。叶散生枝上，叶片坚纸质，狭长圆形或长圆状披针形，长1.2~4cm，宽0.4~1.2cm。花芽数个，生枝顶叶腋，芽鳞外被灰白色绢毛并密生鳞片；花序短总状，有花3~4朵；花冠漏斗状，长1.3~1.6cm，粉红色；雄蕊10，不等长，花丝下部被短柔毛；子房5室，密被灰白色短柔毛及鳞片；花柱细长，伸出花冠外，下部或近基部被柔毛或无毛。蒴果长圆形，长0.6~1cm，被毛和鳞片。生于山坡灌丛、松林或次生林缘，海拔800~1200m。

腋花杜鹃

学名：*Rhododendron racemosum* Franch.

杜鹃花科 Ericaceae 杜鹃花属 *Rhododendron*

常绿灌木，高达1.5（~3）m。幼枝被黑褐色腺鳞。叶革质，有香气，宽倒卵形或长圆状椭圆形，长1.5~4（5）cm，先端具短尖头，上面密被黑褐色小鳞片；叶柄长2~4mm，被鳞片。花序腋生枝顶或上部叶腋，有2~3花；花冠粉红色或淡紫红色，宽漏斗状，长0.7~1.2（1.7）cm，外面疏被鳞片，冠筒与裂片近等长或稍短，有时内面被柔毛；雄蕊10，伸出花冠外，花丝基部密被柔毛；子房5室，密被鳞片，花柱较雄蕊长。蒴果长圆形，长0.5~1cm，被鳞片。生于云南松林、松–栎林下，灌丛草地或冷杉林缘，海拔1500~3800m。

美丽马醉木

学名：*Pieris formosa*（Wall.）D. Don
俗名：长苞美丽马醉木、兴山马醉木

杜鹃花科 Ericaceae 马醉木属 *Pieris*

灌木或小乔木。幼叶常带红色。叶革质，披针形、椭圆形或长圆形，稀倒披针形，长3~14cm，先端渐尖或锐尖，基部楔形，叶缘全有锯齿，侧脉和网脉在两面明显，上面有微毛或无毛，下面无毛；叶柄长1~1.5cm。萼片披针形，花冠筒形坛状或坛状，裂片近圆形；花丝直伸，被毛。蒴果卵圆形，径约4mm；种子被黄褐色柔毛，纺锤形，长2~3mm。生于海拔900~2300m的灌丛中。

小果珍珠花

学名：*Lyonia ovalifolia* var. *elliptica*（Sieb. & Zucc.）Hand.-Mazz.
俗名：小果米饭花、椭叶南烛、小果卵叶梫木、小果南烛

杜鹃花科 Ericaceae 珍珠花属 *Lyonia*

灌木或小乔木。小枝无毛。芽长卵圆形，淡红色。叶卵形或椭圆形，先端渐尖，基部楔形或浅心形；叶较薄，纸质，卵形，先端渐尖或急尖。花序下部有1~3片叶状苞片，花5数，花萼裂片长圆形或三角形，花冠白色，筒状，裂片三角形。蒴果球形，缝线粗厚；种子短线形，无翅。生于阳坡灌丛中。

珍珠花

学名：*Lyonia ovalifolia*（Wall.）Drude
俗名：米饭花、南烛

杜鹃花科 Ericaceae 珍珠花属 *Lyonia*

常绿或落叶灌木或小乔木，高8~16m。枝淡灰褐色，无毛。冬芽长卵圆形，淡红色，无毛。叶革质，卵形或椭圆形，长8~10cm，宽4~5.8cm，先端渐尖，基部钝圆或心形；叶柄长4~9mm，无毛。总状花序长5~10cm，着生叶腋，近基部有2~3枚叶状苞片；花冠圆筒状，长约8mm，径约4.5mm，外面疏被柔毛，上部浅5裂，裂片向外反折，先端钝圆；雄蕊10枚，花丝线形，长约4mm；子房近球形，柱头头状，略伸出花冠外。蒴果球形，缝线粗厚；种子短线形，无翅。生于海拔700~2800m的林中。

白茅

学名：*Imperata cylindrica*（L.）Beauv.
俗名：毛启莲、红色男爵白茅

禾本科 Poaceae 白茅属 *Imperata*

多年生，具粗壮的长根状茎。秆高30~80cm，具1~3节，节无毛。叶鞘聚集于秆基，甚长于其节间，质地较厚；叶舌膜质，长约2mm，分蘖叶片长约20cm，宽约8mm；秆生叶片长1~3cm，窄线形。圆锥花序稠密，长20cm，宽达3cm；小穗长4.5~5（6）mm；雄蕊2枚，花药长3~4mm；花柱细长，基部多少连合，柱头2，紫黑色，羽状，长约4mm，自小穗顶端伸出。颖果椭圆形，长约1mm，胚长为颖果之半。生于低山带平原河岸草地、沙质草甸、荒漠与海滨。

长芒稗

学名：*Echinochloa caudata* Roshev.

禾本科 Poaceae 稗属 *Echinochloa*

秆高1~2m。叶鞘无毛或常有疣基毛；叶舌缺；叶片线形，长10~40cm，宽1~2cm，两面无毛，边缘增厚而粗糙。圆锥花序稍下垂，长10~25cm，宽1.5~4cm；小穗卵状椭圆形，常带紫色，长3~4mm，脉上具硬刺毛；第一颖三角形，长为小穗的1/3~2/5，先端尖，具3脉；第二颖与小穗等长，顶端具长0.1~0.2mm的芒，具5脉；第一外稃草质，顶端具长1.5~5cm的芒，具5脉，内稃膜质，先端具细毛，边缘具细睫毛；第二外稃革质，光亮，边缘包着同质的内稃；雄蕊3；花柱基分离。多生于田边、路旁及河边湿润处。

西来稗

学名：*Echinochloa crusgalli* var. *zelayensis*（Kunth）Hitchcock
俗名：旱稗

禾本科 Poaceae 稗属 *Echinochloa*

秆高50~75cm。叶鞘平滑无毛；叶舌缺；叶片扁平，线形，叶片长5~20mm，宽4~12mm。圆锥花序直立，长11~19cm，宽1~1.5cm，分枝上不具小枝，有时中部轮生；小穗卵状椭圆形，长3~4mm；第一颖三角形，长为小穗的1/2~2/3，基部包卷小穗；第二颖与小穗等长，具小尖头，有5脉，脉上具刚毛或有时具疣基毛，芒长0.5~1.5cm；第一小花通常中性，外稃草质，具7脉，内稃薄膜质，第二外稃革质，坚硬，边缘包卷同质的内稃。生于田野水湿处。

棒头草

学名：*Polypogon fugax* Nees ex Steud.

禾本科 Poaceae 棒头草属 *Polypogon*

一年生。秆丛生，高10~75cm，基部膝曲，光滑。叶鞘常短于或下部者长于节间，无毛，叶舌长圆形，长3~8mm，膜质，顶端具不整齐裂齿；叶片长2.5~15cm，宽3~4mm，微粗糙或下面光滑。圆锥花序穗状，长圆形或卵形，有间断；小穗灰绿色或带紫色，颖长圆形，先端2浅裂，芒微粗糙；内稃近等长于外稃。颖果椭圆形，一面扁平，长约1mm。生于海拔100~3600m的山坡、田边、潮湿处。

拂子茅

学名：*Calamagrostis epigeios*（L.）Roth
俗名：林中拂子茅、密花拂子茅

禾本科 Poaceae 拂子茅属 *Calamagrostis*

多年生，具根状茎。秆直立，高45~100cm。叶鞘平滑或稍粗糙；叶舌膜质，长5~9mm；叶片长15~27cm，宽4~8（13）mm，扁平或边缘内卷。圆锥花序紧密，圆筒形，劲直、具间断，长10~25（30）cm，中部径1.5~4cm；小穗长5~7mm，淡绿色或带淡紫色；两颖近等长或第二颖微短，先端渐尖，具1脉，第二颖具3脉，主脉粗糙；外稃透明膜质，顶端具2齿，芒长2~3mm；内稃长约为外2/3，顶端细齿裂；小穗轴不延伸于内稃之后；雄蕊3，花药黄色，长约1.5mm。生于潮湿地及河岸沟渠旁，海拔160~3900m。牧草，固定泥沙、保护河岸。

假苇拂子茅

学名：*Calamagrostis pseudophragmites*（Hall. F.）Koel.
俗名：假苇子

禾本科 Poaceae 拂子茅属 *Calamagrostis*

秆高0.4~1.2m，径1.5~4mm。叶鞘短于节间，叶舌膜质，长圆形；叶片扁平或内卷，长10~30cm，宽1.5~5（7）mm，上面及边缘粗糙，下面平滑。圆锥花序开展，长圆状披针形，长10~25（35）cm，宽（2）3~5cm；小穗草黄或紫色，长5~7mm；颖条状披针形，成熟后张开，不等长，第二颖较第一颖短1/4~1/3，先端长渐尖，具1脉或第二颖具3脉；外稃长3~4mm，3脉，先端全缘，稀具微齿，芒长1~3mm；内稃长为外稃1/3~2/3；雄蕊3，花药长1~2mm。生于山坡草地或河岸阴湿处，海拔350~2500m。饲料及防沙固堤的材料。

斑茅

学名：*Saccharum arundinaceum* Retz.
俗名：大密、巴茅

禾本科 Poaceae 甘蔗属 *Saccharum*

多年生高大丛生草本。秆高2~4（6）m，径1~2cm，具多数节，无毛。叶鞘长于其节间；叶舌膜质；叶片宽大，线状披针形，长1~2m，宽2~5cm，顶端长渐尖，基部渐变窄，中脉粗壮，边缘锯齿状粗糙。圆锥花序大型，稠密，长30~80cm，宽5~10cm；小穗狭披针形，长3.5~4mm，黄绿色或带紫色；两颖近等长，草质或稍厚，顶端渐尖，第一颖沿脊微粗糙，两侧脉不明显；第二颖具3（~5）脉，脊粗糙，上部边缘具纤毛，背部无毛。颖果长圆形，长约3mm，胚长为颖果之半。生于山坡和河岸溪涧草地。

蔗茅

学名：*Saccharum rufipilum* Steudel
俗名：桃花芦

禾本科 Poaceae 甘蔗属 *Saccharum*

多年生高大丛生草本。秆高1.5~3m，基部坚硬木质，花序以下部分具白色丝状毛，有多数具髭毛的节，节下被白粉。叶鞘大多长于节间，上部或边缘被柔毛，鞘口生缝毛；叶舌质厚，长1~2mm，顶端截平，具纤毛；叶片宽条形，长20~60cm，宽1~2cm，扁平或内卷，基部较窄，顶端长渐尖，无毛，下面被白粉，微粗糙，边缘粗糙，中脉粗壮。生于山坡谷地，海拔1300~2400m。

大狗尾草

学名：*Setaria faberi* R. A. W. Herrmann

禾本科 Poaceae 狗尾草属 *Setaria*

秆粗壮而高大、直立或基部膝曲。秆高50~120cm，径达6mm。叶表皮细胞同莩草类型。圆锥花序紧缩呈圆柱状，长5~24cm，宽6~13mm，通常垂头；小穗椭圆形，长约3mm，顶端尖，下托以1~3枚较粗而直的刚毛，刚毛通常绿色，长5~15mm；第一颖长为小穗的1/3~1/2，宽卵形，顶端尖，具3脉；第二颖长为小穗的3/4或稍短于小穗，顶端尖，具5~7脉，第一外稃与小穗等长，具5脉，其内稃膜质，披针形，长为其1/3~1/2，第二外稃与第一外稃等长，具细横皱纹，顶端尖，成熟后背部极膨胀隆起。生于山坡、路旁、田园或荒野。秆、叶可作牲畜饲料。

狗尾草

学名：*Setaria viridis*（L.）Beauv.
俗名：莠、谷莠子

禾本科 Poaceae 狗尾草属 *Setaria*

根须状，高大植株具支持根。秆直立或基部膝曲，高10~100cm，基部径达3~7mm。叶鞘松弛；叶舌极短；叶片扁平，长三角状狭披针形或线状披针形，长4~30cm，宽2~18mm。圆锥花序紧密呈圆柱状或基部稍疏离，直立或稍弯垂，长2~15cm，宽4~13mm，刚毛长4~12mm，通常绿色或褐黄色到紫红色或紫色；小穗2~5个簇生于主轴上或更多的小穗着生在短小枝上，椭圆形，铅绿色；第一颖卵形、宽卵形，长约为小穗的1/3，先端钝或稍尖，具3脉；第二颖几与小穗等长，椭圆形，具5~7脉。颖果灰白色。生于海拔4000m以下的荒野、道旁。秆、叶可作饲料，也可入药；小穗可提炼糠醛。

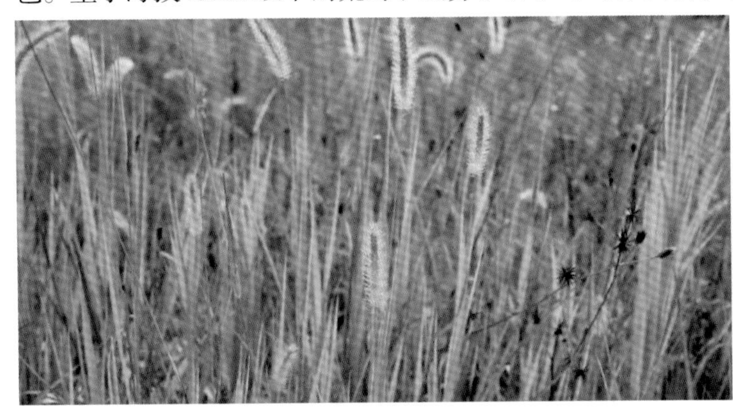

金色狗尾草

学名：*Setaria pumila*（Poiret）Roemer & Schultes
俗名：恍莠莠、硬稃狗尾草

禾本科 Poaceae 狗尾草属 *Setaria*

一年生草本，单生或丛生。秆直立或基部倾斜膝曲。叶鞘下部扁压具脊，上部圆形；叶舌具纤毛，叶片线状披针形或狭披针形，先端长渐尖，基部钝圆。圆锥花序紧密呈圆柱状或狭圆锥状，直立，通常在一簇中仅具一个发育的小穗；鳞被楔形，花柱基部联合。生于山坡、路边、耕地较干旱地方，海拔750~1100m。可作牧草，秆、叶可作牲畜饲料。

画眉草

学名：*Eragrostis pilosa*（L.）Beauv.

禾本科 Poaceae 画眉草属 *Eragrostis*

一年生。秆高15~60cm，径1.5~2.5mm，4节。叶鞘扁，疏散包茎，鞘缘近膜质；叶无毛，线形扁平或卷缩，长6~20cm，宽2~3mm。圆锥花序开展或紧缩，长10~25cm，宽2~10cm；小穗长0.3~1cm，宽1~1.5mm，有4~14小花；颖膜质，披针形，第一颖长约1mm，无脉，第二颖长约1.5mm，1脉；外稃宽卵形，先端尖，第一外稃长约1.8mm；内稃迟落或宿存，长约1.5mm，稍弓形弯曲，脊有纤毛；雄蕊3，花药长约0.3mm。颖果长圆形，长约0.8mm。多生于荒芜田野草地上。优良饲料；药用，治跌打损伤。

黄茅

学名：*Heteropogon contortus*（L.）P. Beauv. ex Roem. & Schult.
俗名：地筋

禾本科 Poaceae 黄茅属 *Heteropogon*

多年生丛生草本。秆基部常膝曲，上部直立。叶鞘压扁而具脊，鞘口常具柔毛；叶舌短，膜质，叶片线形，扁平或对折，顶端渐尖或急尖，基部稍收窄。总状花序单生于主枝或分枝顶，诸芒常于花序顶扭卷成1束；花序基部为对同性小穗，无芒，宿存，上部为异性对；无柄小穗线形，两性，雄蕊3，花柱2；有柄小穗长圆状披针形，雄性或中性，无芒，常偏斜扭转覆盖无柄小穗，绿色或带紫色。生于山坡草地，尤以干热草坡特甚，海拔400~2300m。嫩时牲畜喜食，秆供造纸、编织，根、秆、花可作清凉剂。

苞子草

学名：*Themeda caudata*（Nees）A. Camus

禾本科 Poaceae 菅属 *Themeda*

多年生，簇生草本。秆高1~3m，下部径0.5~1cm或更粗，扁圆形或圆形而有棱，黄绿色或红褐色。叶鞘在秆基套叠，平滑，具脊；叶舌圆截形，有睫毛；叶片线形，长20~80cm，宽0.5~1cm，中脉明显，背面疏生柔毛，基部近圆形，顶端渐尖，边缘粗糙。大型伪圆锥花序，多回复出，由带佛焰苞的总状花序组成，佛焰苞长2.5~5cm；总花梗长1~2cm；总状花序由9~11小穗组成，第一颖背部通常无毛。颖果长圆形，坚硬，长约5mm。生于山坡草丛、林缘等处，海拔320~2200m。

黄背草

学名：*Themeda triandra* Forsk.

俗名：黄麦秆、阿拉伯黄背草

禾本科 Poaceae 菅属 *Themeda*

多年生草本。秆高约60cm，分枝少。叶鞘压扁具脊，具瘤基柔毛；叶片线形，长10~30cm，宽3~5mm，基部具瘤基毛。伪圆锥花序狭窄，长20~30cm，由具线形佛焰苞的总状花序组成，佛焰苞长约3cm；总状花序长约1.5cm，由7小穗组成，基部2对总苞状小穗着生在向一平面；有柄小穗雄性，长约9mm，第一颖草质，疏生瘤基刚毛，无膜质边缘或仅一侧具窄膜质边缘。生于海拔2000~2500m的林缘草地。

荩草

学名：*Arthraxon hispidus*（Trin.）Makino
俗名：绿竹、光亮荩草、匿芒荩草

禾本科 Poaceae 荩草属 *Arthraxon*

一年生。秆细弱，高30~60cm。叶鞘短于节间，生短硬疣毛；叶舌膜质；叶片卵状披针形，长2~4cm，宽0.8~1.5cm，基部心形，抱茎。总状花序细弱，长1.5~4cm，2~10枚呈指状排列或簇生于秆顶；无柄小穗卵状披针形，呈两侧压扁，长3~5mm，灰绿色或带紫；第一颖草质，边缘膜质，包住第二颖2/3，具7~9脉；第二颖近膜质，与第一颖等长，舟形，具3脉而2侧脉不明显；第一外稃长圆形，透明膜质，先端尖，长为第一颖的2/3；第二外稃与第一外稃等长，透明膜质；芒长6~9mm，下几部扭转；雄蕊2；花药黄色或带紫色，长0.7~1mm。颖果长圆形，与稃近等长。生于路边、溪旁沼泽草丛中。

白羊草

学名：*Bothriochloa ischaemum*（Linnaeus）Keng

禾本科 Poaceae 孔颖草属 *Bothriochloa*

多年生草本。秆高25~70cm，径1~2mm，具3至多节。叶鞘无毛；叶舌膜质；叶片线形，长5~16cm，宽2~3mm，先端渐尖，基部圆形。总状花序4至多数着生于秆顶呈指状，长3~7cm，灰绿色或带紫褐色；无柄小穗长圆状披针形，长4~5mm；第一颖草质，背部中央略下凹，具5~7脉；第二颖舟形，中部以上具纤毛；第一外稃长圆状披针形，长约3mm，先端尖，边缘上部疏生纤毛；第二外稃退化成线形，芒长10~15mm；第一内稃长圆状披针形，长约0.5mm；第二内稃退化；雄蕊3枚，长约2mm；第一颖背部无毛，具9脉；第二颖具5脉，背部扁平，两侧内折，边缘具纤毛。生于山坡草地和荒地。可作牧草，根可制刷子。

白草

学名：*Pennisetum flaccidum* Grisebach
俗名：兰坪狼尾草

禾本科 Poaceae 狼尾草属 *Pennisetum*

多年生。具横走根茎。秆直立，单生或丛生，高20~90cm。叶鞘疏松包茎；叶舌短，具长1~2mm的纤毛；叶片狭线形，长10~25cm，宽5~8mm，两面无毛。圆锥花序紧密，直立或稍弯曲，长5~15cm，宽约10mm；主轴具棱角；刚毛柔软，细弱，微粗糙，长8~15mm，灰绿色或紫色；小穗通常单生，卵状披针形，长3~8mm；鳞被2，楔形，先端微凹；雄蕊3，花药顶端无毫毛；花柱近基部联合。颖果长圆形，长约2.5mm。多生于海拔800~4600m山坡和较干燥之处。为优良牧草。

狼尾草

学名：*Pennisetum alopecuroides*（L.）Spreng.

禾本科 Poaceae 狼尾草属 *Pennisetum*

多年生。须根较粗壮。秆直立，丛生。叶鞘光滑，两侧压扁，主脉呈脊，秆上部者长于节间，叶舌具纤毛，叶片线形，先端长渐尖。圆锥花序直立，刚毛状小枝常呈紫色，小穗通常单生，偶有双生，线状披针形；雄蕊3，花柱基部联合。颖果长圆形。生于田岸、荒地、道旁及小山坡上，海拔50~3200m。可供编织或造纸，作饲料，也可作固堤防沙植物。

类芦

学名：*Neyraudia reynaudiana*（kunth.）Keng

禾本科 Poaceae 类芦属 *Neyraudia*

多年生。秆高2~3m，径0.5~1cm，通常节具分枝，节间被白粉。根茎木质，须根粗而坚硬。叶鞘无毛，沿颈部具柔毛；叶舌密生柔毛；叶片长30~60cm，宽0.5~1cm，扁平或卷折，先端长渐尖，无毛或上面生柔毛。圆锥花序长30~60cm，分枝细长，开展或下垂；小穗长6~8mm，具5~8小花，第一外稃不孕，无毛；颖片长2~3mm；外稃长约4mm，边脉有长约2mm柔毛，具长1~2mm反曲短芒；内稃短于外稃。生于河边、山坡或砾石草地，海拔300~1500m。

旱茅

学名：*Schizachyrium delavayi*（Hackel）Bor

禾本科 Poaceae 裂稃草属 *Schizachyrium*

多年生草本。秆高40~150cm。叶鞘上部的短于节间，下部的长于节间；叶舌干膜质；叶片线形，长6~30cm，宽2~4mm，边缘粗糙。总状花序单生枝顶，长1~4cm，花序梗被毛或无毛；第一颖长圆状披针形，具数脉，边缘内折具两脊，脊中上部具狭翼，翼边缘粗糙，顶端钝；第二颖舟形，具脊，与第一颖等长或稍长，脊中、上部粗糙或平滑，边缘内卷，第一外稃长圆状披针形，膜质，长为第一颖的3/4~4/5，边缘内卷，具纤毛，第二外稃狭，长为第一颖的1/2~3/4，顶端2裂，芒生裂片间，膝曲，长8~10mm；内稃常退化；雄蕊3，花药长2.5~4mm，紫黑色，花柱分离，柱头羽毛状。生于山坡、林下，海拔1200~3400m。

马唐

学名：*Digitaria sanguinalis*（L.）Scop.
俗名：蹲倒驴

禾本科 Poaceae 马唐属 *Digitaria*

秆直立或下部倾斜，高10~80cm，径2~3mm。叶鞘短于节间，无毛或散生疣基柔毛；叶舌长1~3mm；叶片线状披针形，长5~15cm，宽4~12mm，基部圆形，边缘较厚，微粗糙，具柔毛或无毛。总状花序长5~18cm，4~12枚成指状着生于长1~2cm的主轴上；穗轴直伸或开展，两侧具宽翼，边缘粗糙；小穗椭圆状披针形，长3~3.5mm；第一颖小，短三角形，无脉；第二颖具3脉，披针形，长为小穗的1/2左右，脉间及边缘大多具柔毛；第一外稃等长于小穗，具7脉，中脉平滑，两侧的脉间距离较宽；第二外稃近革质，灰绿色，顶端渐尖，等长于第一外稃；花药长约1mm。生于路旁、田野。优良牧草，杂草。

紫马唐

学名：*Digitaria violascens* Link

禾本科 Poaceae 马唐属 *Digitaria*

秆疏丛生，高20~60cm。叶鞘短于节间；叶舌长1~2mm；叶片线状披针形，质地较软，扁平，长5~15cm，宽2~6mm，粗糙，基部圆形；总状花序长5~10cm，4~10枚呈指状排列于茎顶或散生于长2~4cm的主轴上；穗轴宽0.5~0.8mm，边缘微粗糙；小穗椭圆形，长1.5~1.8mm，宽0.8~1mm，2~3枚生于各节；小穗柄稍粗糙；第一颖不存在；第二颖稍短于小穗，具3脉；第一外稃与小穗等长，有5~7脉；毛壁有小疣突，中脉两侧无毛或毛较少，第二外稃与小穗近等长，中部宽约0.7mm；花药长约0.5mm。生于海拔1000m左右的山坡草地、路边、荒野山坡。

芒

学名：*Miscanthus sinensis* Anderss.

俗名：花叶芒、高山鬼芒、金平芒、薄、芒草、高山芒、紫芒、黄金芒、金县芒

禾本科 Poaceae 芒属 *Miscanthus*

多年生苇状草本。秆高达1m以上。叶鞘无毛，长于其节间；叶舌膜质；叶片线形，长20~50cm，宽6~10mm，下面疏生柔毛及被白粉，边缘粗糙。圆锥花序直立，长15~40cm，主轴无毛；小穗披针形，长4.5~5mm，黄色有光泽；第一颖顶具3~4脉，边脉上部粗糙，顶端渐尖；第二颖常具1脉，粗糙；第一外稃长圆形，膜质，长约4mm；第二外稃明显短于第一外稃，先端2裂，裂片间具1芒，芒长9~10mm；雄蕊3枚，花药长2~2.5mm，稃褐色，先雌蕊而成熟；柱头羽状，长约2mm，紫褐色；颖果长圆形，暗紫色。遍布于海拔1800m以下的山地、丘陵和荒坡原野。秆纤维用途较广，作造纸原料等。

虮子草

学名：*Leptochloa panicea*（Retz.）Ohwi

禾本科 Poaceae 千金子属 *Leptochloa*

秆较细弱，高30~60cm。叶鞘疏生有疣基的柔毛；叶舌膜质；叶片质薄，扁平，长6~18cm，宽3~6mm，无毛或疏生疣毛。圆锥花序长10~30cm，分枝细弱，微粗糙；小穗灰绿色或带紫色，长1~2mm，含2~4小花；颖膜质，具1脉，脊上粗糙，第一颖较狭窄，顶端渐尖，长约1mm，第二颖较宽，长约1.4mm；外稃具3脉，脉上被细短毛，第一外稃长约1mm，顶端钝；内稃稍短于外稃，脊上具纤毛；花药长约0.2mm。颖果圆球形，长约0.5mm。多生于田野路边和园圃内。

千金子

学名：*Leptochloa chinensis*（L.）Nees

禾本科 Poaceae 千金子属 *Leptochloa*

秆直立，基部膝曲或倾斜，高30~90cm，无毛。叶鞘无毛，短于节间，叶舌膜质；叶扁平或多少内卷，两面微粗糙或下面平滑，长5~25cm，宽2~6mm。圆锥花序长10~30cm，分枝和主轴均微粗糙；小穗多少紫色，长2~4mm，具3~7小花；颖不等长，1脉，脊粗糙；外稃先端无毛或下部有微毛，第一外稃长1.5mm；内稃稍短于外稃；花药长0.5mm。颖果长圆球形，长约1mm。生于海拔200~1020m潮湿之地。可作牧草。

求米草

学名：*Oplismenus undulatifolius*（Arduino）Beauv.

禾本科 Poaceae 求米草属 *Oplismenus*

秆纤细，基部平卧地面，节处生根，上升部分高20~50cm。叶鞘短于或上部者长于节间，密被疣基毛；叶舌膜质，短小，长约1mm；叶片扁平，披针形至卵状披针形，长2~8cm，宽5~18mm，先端尖，基部略圆形而稍不对称，通常具细毛。圆锥花序长2~10cm，主轴密被疣基长刺柔毛；小穗卵圆形，被硬刺毛，长3~4mm，簇生于主轴或部分孪生；颖草质，第一颖长约为小穗之半，顶端具长0.5~1（1.5）cm硬直芒，具3~5脉；第二颖较长于第一颖，顶端芒长2~5mm，具5脉；鳞被2，膜质；雄蕊3。生于疏林下阴湿处。

毛花雀稗

学名：*Paspalum dilatatum* Poir

禾本科 Poaceae 雀稗属 *Paspalum*

多年生草本。秆高50~150cm，径约5mm。具短根状茎。叶片长10~40cm，宽5~10mm，中脉明显，无毛。总状花序长5~8cm，4~10枚呈总状着生于长4~10cm的主轴上，形成大型圆锥花序，分枝腋间具长柔毛；小穗柄微粗糙，长0.2或0.5mm；小穗卵形，长3~3.5mm，宽约2.5mm；第二颖等长于小穗，具7~9脉，表面散生短毛，边缘具长纤毛；第一外稃相似于第二颖，但边缘不具纤毛。分布于全球热带和温暖地区。优良牧草，常引种栽培。

双穗雀稗

学名：*Paspalum distichum* Linnaeus

禾本科 Poaceae 雀稗属 *Paspalum*

多年生草本。匍匐茎横走、粗壮，长达1m，向上直立部分高20~40cm。叶鞘短于节间，背部具脊，边缘或上部被柔毛；叶舌长2~3mm，无毛；叶片披针形，长5~15cm，宽3~7mm，无毛。总状花序2枚对连，长2~6cm；穗轴宽1.5~2mm；小穗倒卵状长圆形，长约3mm，顶端尖，疏生微柔毛；第一颖退化或微小；第二颖贴生柔毛，具明显的中脉；第一外稃具3~5脉，通常无毛，顶端尖；第二外稃草质，等长于小穗，黄绿色，顶端尖，被毛。生于田边路旁。优良牧草，局部地区为恶性杂草。

扁穗雀麦

学名：*Bromus catharticus* Vahl.

禾本科 Poaceae 雀麦属 *Bromus*

秆直立，高0.6~1m，径约5mm。叶鞘闭合，被柔毛，叶舌长约2mm，具缺刻；叶片长30~40cm，宽4~6mm，散生柔毛。圆锥花序开展，长约20cm；分枝长约10cm，粗糙，具1~3小穗；小穗两侧扁，具6~11小花，长1.5~3cm，宽0.8~1cm；小穗轴节间长约2mm，粗糙；颖窄披针形，第一颖长1~1.2cm，7脉，第二颖稍长，7~11脉；外稃长1.5~2cm，11脉，沿脉粗糙，先端具芒尖，基盘钝圆，无毛；内稃窄小，长约为外稃1/2，两脊生纤毛；雄蕊3，花药长0.3~0.6mm。颖果长7~8mm，顶端具茸毛。生于山坡荫蔽沟边。常作短期牧草种植。

牛筋草

学名：*Eleusine indica*（L.）Gaertn.
俗名：蟋蟀草

禾本科 Poaceae 䅟属 *Eleusine*

秆丛生，高10~90cm，基部倾斜。鞘两侧扁而具脊，根系发达。叶松散，无毛或疏生疣毛，叶舌长约1mm；叶线形，长10~15cm，宽3~5mm，无毛或上面被疣基柔毛。穗状花序2~7个指状着生秆顶，稀单生，长3~10cm，宽3~5mm；小穗长4~7mm，宽2~3mm，具3~6小花；颖披针形，脊粗糙，第一颖长1.5~2mm，第二颖长2~3mm；第一外稃长3~4mm，卵形，膜质，脊带窄翼；内稃短于外稃，具2脊，脊具窄翼；鳞被2，折叠，5脉。囊果卵圆形，长约1.5mm，基部下凹，具波状皱纹。多生于荒芜之地及道路旁。全株可作饲料，优良保土植物；全草煎水服，可防治乙型脑炎。

细柄黍

学名：*Panicum sumatrense* Roth ex Roemer & Schultes
俗名：无稃细柄黍

禾本科 Poaceae 黍属 *Panicum*

一年生，簇生或单生草本。秆高20~60cm。叶鞘松弛，无毛，压扁；叶舌膜质，截形；叶片线形，长8~15cm，宽4~6mm，质较柔软，顶端渐尖，基部圆钝。圆锥花序开展，长10~20cm，宽可达15cm，基部常为顶生叶鞘所包，花序分枝纤细；小穗卵状长圆形，长约3mm；第一颖宽卵形，顶端尖，长约为小穗的1/3，具3~5脉；第二颖长卵形，与小穗等长，顶端喙尖，具11~13脉；第一外稃与第二颖同形，近等长，具9~11脉，内稃薄膜质，具2脊；第二外稃狭长圆形，革质，表面平滑，光亮，长约2.2mm。鳞被细小，多脉，长约0.3mm，宽约0.38mm，局部折叠，肉质。生于丘陵灌丛中或荒野路旁。

鼠尾粟

学名：*Sporobolus fertilis*（Steud.）W. D. Glayt.

禾本科 Poaceae 鼠尾粟属 *Sporobolus*

多年生草本。秆较硬，高0.25~1.2m，径2~4mm。叶鞘疏散，叶舌长约0.2mm，纤毛状；叶较硬，常内卷，稀扁平，长15~65cm，宽2~5mm，先端长渐尖。圆锥花序线形，常间断，长7~44cm，宽0.5~1.2cm；小穗灰绿色略带紫色，长1.7~2mm；颖膜质，第一颖长约0.5mm，无脉，先端钝或平截，第二颖长1~1.5mm，卵形或卵状披针形，1脉；外稃等长于小穗，具中脉及2不明显侧脉，先端稍尖；雄蕊3，花药黄色，长0.8~1mm。囊果成熟后红褐色，长1~1.2mm。生于田野路边、山坡草地及山谷湿处和林下，海拔120~2600m。

水蔗草

学名：*Apluda mutica* L.
俗名：米草、糯米草、丝线草、牙尖草、竹子草、假雀麦

禾本科 Poaceae 水蔗草属 *Apluda*

多年生草本。秆高50~300cm，径可达3mm；节间上段常有白粉，无毛。无柄小穗两性，第一颖长3~5mm，长卵形，绿色，7脉或更多；第二颖舟形，等长于第一颖，质薄而透明，5~7脉；第一小花雄性，略短于颖，长卵形，脉不明显；第二小花外稃舟形，1~3脉，先端2齿裂，无芒或于裂齿间生1膝曲芒；花柱基部近合生，鳞被倒楔形，长约0.2mm，上缘不整齐；退化有柄小穗仅存长约1mm的外颖，宿存。多生于海拔2000m以下的田边、水旁湿地及山坡草丛中。可作饲料，入药治蛇伤。

筒轴茅

学名：*Rottboellia cochinchinensis*（Loureiro）Clayton
俗名：罗氏草

禾本科 Poaceae 筒轴茅属 *Rottboellia*

秆直立，高可达2m，亦可低矮丛生，径可达8mm，无毛。须根粗壮，常具支柱根。叶鞘具硬刺毛或变无毛；叶舌长约2mm，上缘具纤毛；叶片线形，长可达50cm，宽可达2cm，中脉粗壮，无毛或上面疏生短硬毛，边缘粗糙。有柄小穗之小穗柄与总状花序轴节间愈合，小穗着生在总状花序轴节间1/2~2/3部位，绿色，卵状长圆形，含2雄性小花或退化。颖果长圆状卵形。多生于田野、路旁草丛中。杂草。

细柄草

学名：*Capillipedium parviflorum*（R. Br.）Stapf
俗名：吊丝草

禾本科 Poaceae 细柄草属 *Capillipedium*

多年生，簇生草本。秆高50~100cm。叶鞘无毛或有毛；叶舌干膜质，长0.5~1mm，边缘具短纤毛；叶片线形，长15~30cm，宽3~8mm，顶端长渐尖，基部收窄，近圆形，两面无毛或被糙毛。圆锥花序长圆形，长7~10cm，近基部宽2~5cm，小枝为具1~3节的总状花序，总状花序轴节间与小穗柄长为无柄小穗之半，边缘具纤毛；无柄小穗长3~4mm，基部具髯毛；第一颖背腹扁，先端钝，背面稍下凹，被短糙毛，具4脉，边缘狭窄，内折成脊，脊上部具糙毛；第二颖舟形，与第一颖等长，先端尖，具3脉，脊上稍粗糙，上部边缘具纤毛。生于山坡草地、河边、灌丛中。

硬秆子草

学名：*Capillipedium assimile*（Steud.）A. Camus
俗名：竹枝细柄草

禾本科 Poaceae 细柄草属 *Capillipedium*

多年生，亚灌木状草本。秆高1.8~3.5m，坚硬似小竹，多分枝。叶片线状披针形，长6~15cm，宽3~6mm，顶端刺状渐尖，基部渐窄。圆锥花序长5~12cm，宽约4cm，分枝簇生，疏散而开展，小枝顶端有2~5节总状花序，总状花序轴节间易断落，长1.5~2.5mm；无柄小穗长圆形，长2~3.5mm，背腹压扁，具芒，淡绿色至淡紫色，有被毛的基盘；第一颖顶端窄而截平，背部粗糙乃至疏被小糙毛，具2脊，脊上被硬纤毛，脊间有不明显的2~4脉；第二颖与第一颖等长，顶端钝或尖，具3脉；第一外稃长圆形，顶端钝，长为颖的2/3；芒膝曲扭转，长6~12mm。生于河边、林中或湿地上。

橘草

学名：*Cymbopogon goeringii*（Steud.）A. Camus

禾本科 Poaceae 香茅属 *Cymbopogon*

多年生草本。秆高60~100cm。叶鞘无毛，内面棕红色；叶舌长0.5~3mm；叶片线形，扁平，长15~40cm，宽3~5mm，顶端长渐尖成丝状，边缘微粗糙。伪圆锥花序长15~30cm，狭窄，有间隔，具1~2回分枝；佛焰苞带紫色；总状花序长1.5~2cm，向后反折；无柄小穗长圆状披针形，长约5.5mm，中部宽约1.5mm；第一外稃背部扁平，下部稍窄，略凹陷，上部具宽翼；第二外稃长约3mm，芒从先端2裂齿间伸出，长约12mm，中部膝曲；雄蕊3，花药长2mm；柱头帚刷状，棕褐色，从小穗中部两侧伸出；有柄小穗长4~5.5mm，披针形，第一颖背部较圆，具7~9脉。生于海拔1500m以下的丘陵山坡草地、荒野和平原路旁。

青香茅

学名：*Cymbopogon mekongensis* A. Camus

禾本科 Poaceae 香茅属 *Cymbopogon*

多年生草本。秆高30~80cm，常被白粉。叶鞘无毛，短于其节间；叶舌长1~3mm；叶片线形，长10~25cm，宽2~6mm，基部窄圆形，边缘粗糙，顶端长渐尖。伪圆锥花序狭窄，长10~20cm，宽2~4cm；佛焰苞黄色或成熟时带红棕色；总状花序长约1.2cm；花序轴节间长约1.5mm，边缘具白色柔毛；无柄小穗长约3.5mm；第一颖卵状披针形，宽1~1.2mm，脊上部具稍宽的翼，顶端钝，脊间无脉或有不明显的2脉，中部以下具一纵深沟；第二外稃长约1mm，中下部膝曲，芒针长约9mm；雄蕊3，花药长约2mm。生于开旷干旱的草地上，海拔1000m左右。常作香水原料。可作牛羊牧草。

刺芒野古草

学名：*Arundinella setosa* Trin.

禾本科 Poaceae 野古草属 *Arundinella*

多年生草本。秆高（35）60~160（190）cm。节淡褐色。叶鞘无毛至具长刺毛，边缘具短纤毛；叶舌长约0.8mm；叶片基部圆形，先端长渐尖，长10~30（70）cm，宽4~7mm，常两面无毛。圆锥花序排列疏展，长10~25（35）cm，分枝细长而互生；小穗长5.5~7mm，第一颖长4~6mm，具3~5脉，脉上粗糙；第二颖长5~7mm，具5脉；第一小花中性或雄性，外稃长3.8~4.6mm，具3~5脉，偶见7脉，内稃长3.6~5mm；第二小花披针形至卵状披针形，长2.2~3mm，成熟时棕黄色；芒宿存，芒柱长2~4mm，黄棕色，芒针长4~6mm，侧刺长1.4~2.8mm；花药紫色，长约1.5mm。颖果褐色，长卵形，长约1mm。生于海拔2500m以下的山坡草地、灌丛、松林或松栎林下。秆叶可作纤维原料。

薏苡

学名：*Coix lacrymajobi* L.

俗名：菩提子、五谷子、草珠子、大薏苡、念珠薏苡

禾本科 Poaceae 薏苡属 *Coix*

一年生粗壮草本。秆直立丛生，多分枝。叶鞘短于其节间，叶舌干膜质，叶片扁平宽大，开展，基部圆形或近心形。总状花序腋生成束，雌小穗位于下部，外面包以骨质念珠状总苞；雄蕊常退化，雌蕊具细长柱头，伸出；雄小穗着生于上部，具有柄无柄二型。多生于湿润的屋旁、池塘、河沟、山谷、溪涧或易受涝的农田等地方，海拔200~2000m，野生或栽培。为念佛穿珠用的菩提珠子，秸秆是优良的牲畜饲料，常用于健脾养胃、祛湿消肿等。

早熟禾

学名：*Poa annua* L.
俗名：爬地早熟禾

禾本科 Poaceae 早熟禾属 *Poa*

一年生或冬性禾草。秆高6~30cm，全株无毛。叶鞘稍扁，中部以下闭合；叶舌长1~3（5）mm，圆头；叶片扁平或对折，长2~12cm，宽1~4mm，柔软，常有横脉纹，先端骤尖呈船形。圆锥花序宽卵形，长3~7cm，开展；分枝1~3，平滑；小穗卵形，具3~5小花，长3~6mm，绿色；颖薄，第一颖披针形，长1.5~2（3）mm，1脉，第二颖长2~3（4）mm，3脉；花药黄色，长0.6~0.8mm。颖果纺锤形，长约2mm。生于平原和丘陵的路旁草地、田野水沟或荫蔽荒坡湿地，海拔100~4800m。

枫杨

学名：*Pterocarya stenoptera* C. DC.
俗名：麻柳、马尿骚、蜈蚣柳

胡桃科 Juglandaceae 枫杨属 *Pterocarya*

高大乔木，高达30m。裸芽具柄，常几个叠生，密被锈褐色腺鳞。偶数稀奇数羽状复叶，叶轴具窄翅；小叶多枚，无柄，长椭圆形或长椭圆状披针形，先端短尖，基部楔形至圆，具内弯细锯齿。雌柔荑花序顶生，长10~15cm，花序轴密被星状毛及单毛；雌花苞片无毛或近无毛。果序长20~45cm，果序轴常被毛；果长椭圆形，长6~7mm，基部被星状毛；果翅条状长圆形，长1.2~2cm，宽3~6mm。生于海拔1500m以下的沿溪涧河滩、阴湿山坡地的林中。可提取栲胶，可作纤维原料；果实可作饲料和酿酒，种子还可榨油。

落新妇

学名：*Astilbe chinensis*（Maxim.）Franch. & Savat.
俗名：红升麻、金毛狗、阴阳虎、金毛三七、铁火钳、阿根八、山花七、马尾参、术活、小升麻、大卫落新妇

虎耳草科 Saxifragaceae 落新妇属 *Astilbe*

多年生草本，高达1m。基生叶为二或三回三出羽状复叶；顶生小叶菱状椭圆形，侧生小叶卵形或椭圆形，先端短渐尖或急尖，具重锯齿，基部楔形、浅心形或圆；茎生叶较小。圆锥花序花密集，花瓣5，淡紫色，线形；雄蕊10，长2~2.5mm；心皮2，仅基部合生，长约1.6mm，基部合生。蒴果长约3mm；种子褐色，长约1.5mm。生于海拔390~3600m的山谷、溪边、林下、林缘和草甸等处。可提制栲胶，根状茎入药。

滇鼠刺

学名：*Itea yunnanensis* Franch.

虎耳草科 Saxifragaceae 鼠刺属 *Itea*

灌木或小乔木，高达10m。叶薄革质，卵形或椭圆形，长5~10cm，先端尖或短渐尖，基部钝或圆，具稍内弯刺状锯齿，两面均无毛，侧脉4~5对，弧状上弯；叶柄长0.5~1.5cm，无毛。顶生总状花序，俯弯至下垂，长达20cm；花序轴及花梗被短柔毛；花多数，常3枚簇生；花梗长2mm，花时平展，果期下垂；花瓣淡绿色，线状披针形，长约2.5mm，花时直立，顶端稍内弯；雄蕊常短于花瓣；子房半下位，心皮2，花柱单生。蒴果锥状，长5~6mm，无毛。生于海拔1100~3000m的针阔叶林、杂木林下或河边、岩石处。可制栲胶、烟袋锅杆。

蜡莲绣球

学名：*Hydrangea strigosa* Rehd.
俗名：阔叶蜡莲绣球

虎耳草科 Saxifragaceae 绣球属 *Hydrangea*

灌木，高达3m。叶纸质，长圆形、卵状披针形、倒披针形或长卵形，长8~28cm，先端渐尖，基部楔形或钝圆，有锯齿，干后上面黑褐色，上面被糙伏毛，下面密被颗粒状腺体及糙伏毛，侧脉7~10对；叶柄长1~7cm。伞房状聚伞花序分枝扩展，不育花萼片4~5，宽卵形或近圆形，全缘或具数齿；孕性花淡紫红色，萼筒钟状，花瓣分离，长卵形；雄蕊不等长，花柱2。蒴果坛状，不连花柱长宽均3~3.5mm，顶端平截；种子褐色，宽椭圆形，两端具短翅。生于山谷密林或山坡路旁疏林或灌丛中，海拔500~1800m。

圆锥绣球

学名：*Hydrangea paniculata* Sieb.
俗名：水亚木、栎叶绣球

虎耳草科 Saxifragaceae 绣球属 *Hydrangea*

灌木或小乔木，高达5（~9）m。幼枝疏被柔毛，具圆形浅色皮孔。叶纸质，2~3片对生或轮生，卵形或椭圆形，长5~14cm，先端渐尖或骤尖，具短尖头，基部圆或宽楔形，密生小锯齿，侧脉6~7对；叶柄长1~3cm。圆锥状聚伞花序长达26cm，密被柔毛；不育花白色；花瓣分离，白色，卵形或披针形，基部平截；雄蕊不等长，较长的于花蕾时内折；子房半下位，花柱3，长约1mm，钻状。蒴果椭圆形，不连花柱长4~5.5mm，顶端突出部分圆锥形，与萼筒近等长；种子褐色，纺锤形，两端有窄长翅。生于山谷、山坡疏林下或山脊灌丛中，海拔360~2100m。

白薇

学名：*Cynanchum atratum* Bunge
俗名：三百根、牛角胆草

夹竹桃科 Apocynaceae 鹅绒藤属 *Cynanchum*

多年生草本，高达50cm。茎密被毛；叶对生，卵形或卵状长圆形，长5~8（12）cm，先端骤尖或渐尖，基部圆或近心形，两面被白色茸毛，侧脉6~7（10）对；叶柄长约5mm。聚伞花序伞状，无花序梗，具8~10花；花梗长约1.5cm；花萼裂片披针形，长约3mm；花冠深紫色，辐状，径1~1.2（2.2）cm，被短柔毛，内面无毛，裂片卵状三角形，长4~7mm，具缘毛；副花冠5深裂，裂片与合蕊冠等长；花药顶端附属物圆形；柱头扁平。蓇葖果纺锤形或披针状圆柱形，长5.5~11cm，径0.5~1.5cm，顶端渐尖；种子淡褐色，种毛长3~4.5cm。生于河边、干荒地及草丛中，山沟、林下草地，海拔100~1800m。

早花象牙参

学名：*Roscoea cautleoides* Gagnep.
俗名：华象牙参、滇象牙参、双唇象牙参

姜科 Zingiberaceae 象牙参属 *Roscoea*

多年生草本，高15~30（60）cm。根粗，棒状。茎基具2~3薄膜质鞘。叶2~4，披针形或线形，长5~15（40）cm，宽1.5~3cm，稍折叠，无柄；叶舌长1mm。穗状花序通常有2~5（8）花，基部包于卷成管状的苞片内；花序梗长3~9cm或更长，高举花序于叶丛之上；苞片长3.5~5cm；花黄色、蓝紫色、深紫色或白色；花冠管纤细，较萼管稍长，裂片披针形，长2.5~3cm，后方1枚兜状，具小尖头；侧生退化雄蕊近倒卵形；唇瓣倒卵形，长2.5~3cm，2深裂几达基部；花药线形，连距长1~1.5cm。蒴果长圆形，长达1.8cm。生于山坡草地、灌丛或松林下，海拔2100~3500m。

长萼堇菜

学名：*Viola inconspicua* Blume
俗名：湖南堇菜

堇菜科 Violaceae 堇菜属 *Viola*

多年生草本。根数条，淡白色，稍粗，呈纤维状。无地上茎。叶基生，莲座状，叶三角形、三角状卵形或戟形，基部宽心形，弯缺呈宽半圆形，具圆齿，叶柄具窄翅。花淡紫色，有暗紫色条纹，萼片卵状披针形或披针形，基部附属物长，花瓣长圆状倒卵形，下瓣距管状，直伸。蒴果长圆形，无毛。生于林缘、山坡草地、田边及溪旁等处。全草入药，能清热解毒。

如意草

学名：*Viola arcuata* Blume
俗名：小叶堇菜、阿勒泰堇菜、堇菜、额穆尔堇菜

堇菜科 Violaceae 堇菜属 *Viola*

多年生草本，高达20cm。根状茎横走。地上茎通常数条丛生。匍匐枝蔓生。基生叶叶片深绿色，三角状心形或卵状心形，先端急尖，基部通常宽心形；茎生叶及匍匐枝上的叶片与基生叶的叶片相似，唯叶柄较短。花淡紫色或白色，萼片卵状披针形，花瓣狭倒卵形，侧方花瓣具暗紫色条纹，下方花瓣较短，有明显的暗紫色条纹，基部具长约2mm的短距。蒴果长圆形；种子卵状，淡黄色，基部一侧具膜质翅。生于溪谷潮湿地、沼泽地、灌丛林缘。

单毛刺蒴麻

学名：*Triumfetta annua* L.

锦葵科 Malvaceae 刺蒴麻属 *Triumfetta*

草本或亚灌木。嫩枝被黄褐色茸毛。叶纸质，卵形或卵状披针形，长5~11cm，宽3~7cm，先端尾状渐尖，基部圆形或微心形，两面有稀疏单长毛，基出脉3~5条，侧脉向上行超过叶片中部，边缘有锯齿；叶柄长1~5cm，有疏长毛。聚伞花序腋生，花序柄极短；花柄长3~6mm；苞片长2~3mm，均被长毛；萼片长5mm，先端有角；花瓣比萼片稍短，倒披针形；雄蕊10枚；子房被刺毛，3~4室，花柱短，柱头2~3浅裂。蒴果扁球形；刺长5~7mm，无毛，先端弯勾，基部有毛。生于荒野及路旁。茎皮纤维可作绳索及织物。

地桃花

学名：*Urena lobata* L.

俗名：毛桐子、牛毛七、石松毛、红孩儿、千下槌、半边月、迷马桩、野鸡花、厚皮菜、粘油子、大叶马松子、黐头婆、田芙蓉、野棉花

锦葵科 Malvaceae 梵天花属 *Urena*

直立亚灌木。小枝被星状茸毛。茎下部的叶近圆形，先端浅3裂，基部圆形或近心形，边缘具锯齿，中部叶卵形，上部的叶长圆形至披针形。花单生或近簇生叶腋；花梗长2~3mm，被绵毛；小苞片5，长4~6mm，基部1/3合生，被星状柔毛；花萼杯状，5裂，较小苞片略短，被星状柔毛；花冠淡红色，径约1.5cm，花瓣5，倒卵形，长约1.5cm，被星状柔毛；雄蕊柱长约1.5cm，无毛；花柱分枝10，疏被长硬毛。果扁球形，径0.5~1cm；种子肾形，无毛。生于干热的空旷地、草坡或疏林下。供纺织和搓绳索；根作药用，煎水点酒服可治疗白痢。

梵天花

学名：*Urena procumbens* L.
俗名：三合枫、山棉花、红野棉花、狗脚迹、叶瓣花、小叶田芙蓉、铁包金、小桃花、黐头婆、虱麻头

锦葵科 Malvaceae 梵天花属 *Urena*

小灌木，高达1m。小枝被星状茸毛。茎下部叶近卵形，长1.5~6cm，掌状3~5深裂达叶中部以下，中裂片倒卵形或近菱形，先端钝，基部圆或近心形，具锯齿；小枝上部叶中部浅裂呈葫芦形，两面被星状毛；叶柄长0.4~5cm，被星状柔毛，托叶钻形，早落。花单生或簇生叶腋；花梗长2~4mm；小苞片长4~7mm，5裂，基部合生，疏被星状柔毛；花萼长4~5mm，被星状柔毛；花冠淡红色，花瓣5，倒卵形，长1~1.8cm；雄蕊柱无毛，与花瓣等长；花柱分枝10。果近球形，径6~8mm；种子圆肾形，近无毛。常生于山坡小灌丛中。

拔毒散

学名：*Sida szechuensis* Matsuda
俗名：小粘药、尼马庄棵、王不留行、黄花稔

锦葵科 Malvaceae 黄花棯属 *Sida*

直立亚灌木，高约1m，全株被星状柔毛。叶异形，茎下部叶宽菱形或扇形，长宽均2.5~5cm，先端尖或圆，基部楔形，边缘具2齿；叶柄长0.5~1.5cm，被星状柔毛，托叶钻形，短于叶柄。花单生叶腋或簇生枝端；花梗长约1cm，密被星状茸毛，中部以上具节；花冠黄色，径约1cm，花瓣5，倒卵形，长约8mm；雄蕊柱短于花瓣，被长硬毛；花柱分枝8或9。分果近球形，径约6mm，分果疏被星状柔毛，具2短芒；果柄长达2cm；种子黑褐色，平滑，种脐被白色柔毛。常见于荒坡灌丛、松林边、路旁和沟谷边。供织绳索原料，全草可作药用。

野西瓜苗

学名：*Hibiscus trionum* L.

俗名：火炮草、黑芝麻、小秋葵、灯笼花、香铃草

锦葵科 Malvaceae 木槿属 *Hibiscus*

一年生草本，常平卧，稀直立，高20~70cm。茎柔软，被白色星状粗毛。茎下部叶圆形，不裂或稍浅裂，上部叶掌状3~5深裂，径3~6cm；叶柄长2~4cm，被星状柔毛和长硬毛，托叶线形，长约7mm，被星状粗硬毛。花单生叶腋；花冠淡黄色，内面基部紫色，径2~3cm，花瓣5，倒卵形，疏被柔毛；雄蕊柱长约5mm，花药黄色；花柱分枝5，无毛，柱头头状。蒴果长圆状球形，径约1cm，果皮薄，黑色；种子肾形，黑色，具腺状突起。平原、山野、丘陵或田埂常见杂草。全草、果实、种子药用，治烫伤、烧伤、急性关节炎等。

金铃花

学名：*Abutilon pictum*（Gillies ex Hook.）Walp.

俗名：显脉苘麻、金铃木、风铃花、脉纹悬铃花、纹瓣悬铃花、灯笼花、网纹悬铃花

锦葵科 Malvaceae 苘麻属 *Abutilon*

常绿灌木，高达1~2m。叶互生，茎5~8cm，掌状3~5深裂，裂片卵形，具锯齿，两面无毛或下面疏被星状毛；叶脉掌状；托叶钻形。花单生叶腋，花梗下垂，长7~10cm；花萼钟形；花钟形，橘黄色，具紫色条纹，长3~5cm，径约3cm，花瓣倒卵形；雄蕊柱长约3.5cm，花药集生柱端；花柱紫色，突出于雄蕊柱顶端。果未见。栽培，供园林观赏用。

黄葵

学名：*Abelmoschus moschatus* Medicus
俗名：麝香秋葵、山芙蓉、假三稔、鸟笼胶、芙蓉麻、野棉花、野油麻、山油麻、黄蜀葵、假棉花

锦葵科 Malvaceae 秋葵属 *Abelmoschus*

一年生或二年生草本。茎、小枝、叶柄及叶片疏被硬毛。叶掌状5~7裂，径5~15cm，裂片椭圆状披针形或三角形，基部心形，具不规则锯齿；叶柄长5~20cm，托叶线形，长5~8mm。花单生叶腋；花梗长2~5cm，被倒硬毛；花冠黄色，内面基部暗紫色，花瓣5，倒卵圆形，长5~6cm；雄蕊柱长约2cm，无毛；花柱分枝5，柱头盘状。蒴果长圆状卵形，长5~6cm，顶端尖，被黄色长硬毛，果柄长达8cm；种子肾形，具腺状乳突排成的条纹。生于平原、山谷、溪涧旁或山坡灌丛中。

蜀葵

学名：*Alcea rosea* Linnaeus
俗名：饽饽团子、斗蓬花、栽秧花、棋盘花、麻杆花、一丈红、淑气、熟芨花、小出气

锦葵科 Malvaceae 蜀葵属 *Alcea*

二年生直立草本，高达2m。茎枝密被刺毛。叶近圆心形，径6~16cm，掌状5~7浅裂或波状棱角，上疏被星状柔毛、粗糙，下被星状长硬毛或茸毛；叶柄长5~15cm，被星状长硬毛；托叶卵形，长约8mm，先端具3尖。花呈总状花序顶生单瓣或重瓣，有紫、粉、红、白等色；花期6~8月。蒴果，种子扁圆，肾形；果盘状，径约2cm，被短柔毛，具纵槽。全草入药，有清热止血、消肿解毒之功效，治吐血、血崩等症；茎皮含纤维可代麻用。

半边莲

学名：*Lobelia chinensis* Lour.
俗名：瓜仁草、细米草、急解索

桔梗科 Campanulaceae 半边莲属 *Lobelia*

多年生草本，高达15cm。茎、叶、花梗、小苞片、花萼均无毛，茎匍匐，节上生根，分枝直立。叶互生，无柄或近无柄，椭圆状披针形或线形，长0.8~2.5cm，先端急尖，基部圆或宽楔形，全缘或顶部有明显的锯齿。花通常1朵，生分枝的上部叶腋；花梗长1.2~2.5（3.5）cm，基部有长约1mm的小苞片2枚、1枚或没有；花冠粉红色或白色，长1~1.5cm，裂至基部，喉部以下生白色柔毛，裂片全部平展于下方，呈一个平面，2侧裂片披针形，较长，中间3枚裂片椭圆状披针形，较短；雄蕊长约8mm。蒴果倒锥状，长约6mm；种子椭圆状，稍扁压，近肉色。生于水田边、沟边及潮湿草地上。全草可供药用。

江南山梗菜

学名：*Lobelia davidii* Franch.
俗名：节节花、苦菜、广西大将军、四川山梗菜、广西山梗菜

桔梗科 Campanulaceae 半边莲属 *Lobelia*

多年生草本，高达1.8m。主根粗壮，侧根纤维状。茎分枝或不分枝，无毛或有极短的倒糙毛，或密被柔毛。叶螺旋状排列，下部的早落，卵状椭圆形或长披针形，长达17cm，先端渐尖，基部渐窄成柄，边缘常有不规则粗齿；叶柄有翅，长达4cm。总状花序顶生，苞片卵状披针形，长于花；花萼筒倒卵状，基部浑圆，花冠紫红色或红紫色，近二唇形，上唇裂片线形，下唇裂片长椭圆形；雄蕊在基部以上连合成筒。蒴果球状；种子黄褐色，稍压扁，椭圆状，一边厚而另一边薄，薄边颜色较淡。生于海拔2300m以下的山地林边或沟边较阴湿处。根药用。

铜锤玉带草

学名：*Lobelia nummularia* Lam.
俗名：广西铜锤草

桔梗科 Campanulaceae 半边莲属 *Lobelia*

多年生草本，有白色乳汁。茎平卧，长12~55cm。叶互生，叶片圆卵形、心形或卵形，长0.8~1.6cm，宽0.6~1.8cm，先端钝圆或急尖，基部斜心形，边缘有牙齿，两面疏生短柔毛；叶柄长2~7mm，生开展短柔毛。花单生叶腋；花梗长0.7~3.5cm，无毛；花冠紫红色、淡紫色、绿色或黄白色，长6~7（10）mm，花冠筒外面无毛，内面生柔毛，檐部二唇形，裂片5，上唇2裂片条状披针形，下唇裂片披针形。果为浆果，紫红色，椭圆状球形，长1~1.3cm；种子多数，近圆球状，稍压扁，表面有小疣突。生于海拔1300m以下的田边、路旁以及丘陵、低山草坡或疏林中的潮湿地。

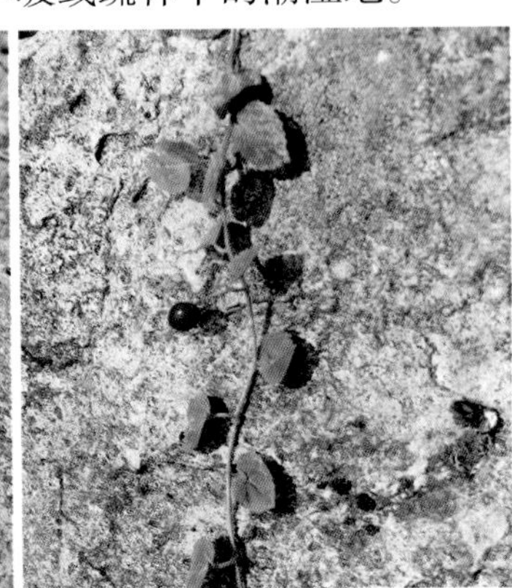

西南风铃草

学名：*Campanula pallida* Wallich
俗名：土沙参、土桔梗、岩兰花

桔梗科 Campanulaceae 风铃草属 *Campanula*

多年生草本，根胡萝卜状，有时仅比茎稍粗。茎单生，少2支，稀数支丛生于一条茎基上，上升或直立，高达60cm。花下垂，顶生于主茎及分枝上，有时组成聚伞花序；花萼筒部倒圆锥状，被粗刚毛，裂片三角形至三角状钻形，长3~7mm，宽1~5mm，全缘或有细齿，背面仅脉上有刚毛或全面被刚毛；花冠紫色、蓝紫色或蓝色，管状钟形，长0.8~1.5cm，分裂达1/3~1/2；花柱长不及花冠长2/3，藏于花冠筒内。蒴果倒圆锥状。种子长圆状，稍扁。生于海拔1000~4000m的山坡草地和疏林下。根药用，治风湿等症。

桔梗

学名：*Platycodon grandiflorus*（Jacq.）A. DC.
俗名：铃铛花、包袱花

桔梗科 Campanulaceae 桔梗属 *Platycodon*

多年生草本，有白色乳汁。根胡萝卜状。茎直立，高0.2~1.2m。叶轮生、部分轮生至全部互生，卵形、卵状椭圆形或披针形，长2~7cm，基部宽楔形或圆钝，先端急尖，边缘具细锯齿，无柄或有极短的柄。花单朵顶生，或数朵集成假总状花序；花冠漏斗状钟形，蓝或紫色，5裂；雄蕊5，离生，花丝基部扩大成片状；子房半下位，5室，柱头5裂。蒴果球状、球状倒圆锥形或倒卵圆形，长1~2.5cm，在顶端室背5裂；带隔膜；种子多数，熟后黑色。生于海拔2000m以下的阳处草丛、灌丛中。根药用，有止咳、祛痰、消炎等功效。

轮叶沙参

学名：*Adenophora tetraphylla*（Thunb.）Fisch.
俗名：四叶沙参、南沙参

桔梗科 Campanulaceae 沙参属 *Adenophora*

茎高达1.5m，不分枝，无毛，稀有毛。茎生叶3~6轮生，卵圆形或线状披针形，长2~14cm，边缘有锯齿，两面疏生短柔毛，无柄或有不明显的柄。花序窄圆锥状，花序分枝（聚伞花序）大多轮生，细长或很短，生数花或单花；花冠筒状细钟形，口部稍缢缩，蓝色或蓝紫色，长0.7~1.1cm，裂片三角形，长2mm；花盘细管状，长2~4mm；花柱长约2cm。蒴果球状圆锥形或卵状圆锥形，长5~7mm；种子长圆状圆锥形，稍扁，有1条棱。生于草地和灌丛中。

细叶沙参

学名：*Adenophora capillaris* subsp. *paniculata*（Nannfeldt）D. Y. Hong & S. Ge
俗名：紫沙参

桔梗科 Campanulaceae 沙参属 *Adenophora*

茎高大，高达1.5m，绿色或紫色，不分枝。基生叶心形，边缘有不规则锯齿；茎生叶无柄或有长至3cm的柄，线形或卵状椭圆形，全缘或有锯齿，通常无毛，有时上面疏生短硬毛，下面疏生长毛，长5~17cm。圆锥花序由多个花序分枝组成，有时花序无分枝，仅数朵花集成假总状花序；花梗粗壮；花冠细小，近筒状，浅蓝色、淡紫色或白色，长1~1.4cm，5浅裂，裂片反卷；花柱长约2mm；花盘细筒状，长3~3.5（4）mm，无毛或上端有疏毛。蒴果卵状或卵状长圆形，长7~9mm。生于海拔1100~2800m的山坡草地。药用，根可食用。

杏叶沙参

学名：*Adenophora petiolata* subsp. *hunanensis*（Nannfeldt）D. Y. Hong & S. Ge
俗名：宽裂沙参

桔梗科 Campanulaceae 沙参属 *Adenophora*

茎高达1.2m，不分枝。茎生叶至少下部的具柄，叶卵圆形、卵形或卵状披针形，两面被疏或密的短硬毛，稀被柔毛或无毛，长3~10（15）cm。花序分枝长，近平展或弓曲向上，常组成大而疏散的圆锥花序；花梗极短而粗壮，长2~3（5）mm，花序轴和花梗有短毛或近无毛；萼筒倒圆锥状；花冠钟状，蓝色、紫色或蓝紫色，长1.5~2cm，裂片三角状卵形，长为花冠的1/3；花盘短筒状，长1.5~2.5mm，通常被毛；花柱与花冠近等长。蒴果球状椭圆形，或近卵状，长6~8mm；种子椭圆状，有1条棱。生于海拔2000m以下的山坡草地和林缘草地。

中华沙参

学名：*Adenophora sinensis* A. DC.

桔梗科 Campanulaceae 沙参属 *Adenophora*

茎单生或数支发自1条茎基上，不分枝，高达1m，无毛或疏生糙毛。基生叶卵圆形，基部圆钝，并向叶柄下延；茎生叶互生，下部的具长至2.5cm的叶柄，上部的无柄或具短柄，叶长椭圆形或窄披针形，长3~8cm，宽0.5~2cm，边缘具细锯齿，两面无毛。花序常有纤细的分枝，组成窄圆锥花序；花梗纤细，长达3cm；花冠钟状，紫色或紫蓝色，长1.3~1.5cm；花盘短筒状，长1~1.5mm；花柱超出花冠2~4mm。蒴果椭圆状球形或球状，长6~7mm；种子椭圆状，有1条窄翅状棱。生于海拔1200m以下的河边草丛或灌丛中。

苍耳

学名：*Xanthium strumarium* L.

俗名：苍子、稀刺苍耳、菜耳、猪耳、野茄、胡苍子、痴头婆、抢子、青棘子、羌子裸子、绵苍浪子、苍浪子、刺八裸、道人头、敝子、野茄子、老苍子、苍耳子、虱马头、粘头婆

菊科 Asteraceae 苍耳属 *Xanthium*

一年生草本。茎被灰白色糙伏毛。叶三角状卵形或心形，长4~9cm，近全缘，基部稍心形或平截，边缘有粗齿；叶柄长3~11cm。雄头状花序球形，径4~6mm，总苞片长圆状披针形，被柔毛，雄花多数，花冠钟形；雌头状花序椭圆形，总苞片外层披针形，长约3mm，具瘦果的成熟总苞卵形或椭圆形，连喙长1.2~1.5cm，背面疏生细钩刺，粗刺长1~1.5mm，基部不增粗，常有腺点，喙锥形，上端稍弯。瘦果2，倒卵圆形。常生长于空旷干旱山坡、旱田边盐碱地、干涸河床及路旁。

大翅蓟

学名：*Onopordum acanthium* L.

菊科 Asteraceae 大翅蓟属 *Onopordum*

二年生草本，高达2m。茎无毛或被蛛丝毛。基生叶及下部茎生叶长椭圆形或宽卵形，长10~30cm，基部渐窄成短柄；中部叶及上部叶渐小，长椭圆形或倒披针形，无柄；叶缘有三角形刺齿，或羽状浅裂，两面无毛或被薄蛛丝毛；茎翅羽状半裂或有三角形刺齿，裂片宽三角形，裂顶及齿顶有黄褐色针刺。头状花序排成伞房状；总苞卵圆形或球形，径达5cm，幼时被蛛丝毛，总苞片多层，向内层渐长，有缘毛，背面有腺点，卵状钻形或披针状钻形；小花紫红色或粉红色，檐部长1.2cm，细管部长1.2cm。瘦果倒卵圆形或长椭圆形，灰色或灰黑色。生于山坡、荒地或水沟边。

大吴风草

学名：*Farfugium japonicum*（L. f.）Kitam.
俗名：活血莲、独脚莲、斑点大无风草、石蕗

菊科 Asteraceae 大吴风草属 *Farfugium*

多年生草本。基生叶莲座状，肾形，长9~13cm，宽11~22cm，先端圆，全缘或有小齿或掌状浅裂，基部弯缺宽，两面幼时被灰白色柔毛，后无毛；叶柄长15~25cm，幼时密被淡黄色柔毛，后多脱落，基部短鞘，抱茎，鞘内被密毛；茎生叶1~3，苞叶状，长圆形或线状披针形，长1~2cm。花莛高达70cm，幼时密被淡黄色柔毛，后多少脱落，基部被极密柔毛。瘦果圆柱形，长达7mm，有纵肋，被成行短毛。生于低海拔地区的林下，山谷及草丛。药用植物，主治咳嗽、咯血、便血、月经不调、跌打损伤、乳腺炎。

地胆草

学名：*Elephantopus scaber* L.
俗名：鹿耳草、磨地胆、地胆头、苦地胆

菊科 Asteraceae 地胆草属 *Elephantopus*

多年生草本。根茎平卧或斜升。茎高20~60cm，多少二歧分枝，密被白色贴生长硬毛。基生叶花期生存，莲座状，匙形或倒披针状匙形，长5~18cm；茎叶少而小，倒披针形或长圆状披针形，向上渐小，叶上面被疏长糙毛，下面密被长硬毛和腺点。头状花序在枝端束生成球状复头状花序，基部被3个叶状苞片所近包；苞片绿色，草质；总苞片绿色或上端紫红色，长圆状披针形，先端具刺尖，被糙毛和腺点，外层长4~5mm，内层长约1cm；花淡紫色或粉红色。瘦果长圆状线形，被柔毛。生于开旷山坡、路旁或山谷林缘。全草入药，有清热解毒、消肿利尿之功效。

苏门白酒草

学名：*Erigeron sumatrensis* Retz.
俗名：苏门白酒菊

菊科 Asteraceae 飞蓬属 *Erigeron*

一年生或二年生草本。茎高达1.5m，被较密灰白色上弯糙毛。下部叶倒披针形或披针形，长6~10cm，基部渐窄成柄，上部有4~8对粗齿，基部全缘；中部和上部叶窄披针形或近线形，具齿或全缘，两面密被糙毛。头状花序多数，径5~8mm，在茎枝端排成圆锥花序，花序梗长3~5mm；总苞卵状短圆柱状，长4mm，总苞片3层，灰绿色，线状披针形或线形，背面被糙毛，边缘干膜质；雌花多层，管部细长，舌片淡黄色或淡紫色；两性花花冠淡黄色，檐部窄漏斗形，具5齿裂。瘦果线状披针形，长1.2~1.5mm；冠毛1层，初白色，后黄褐色。常生于山坡草地、旷野、路旁，是一种常见的杂草。

小蓬草

学名：*Erigeron canadensis* L.
俗名：小飞蓬、飞蓬、加拿大蓬、小白酒草、蒿子草

菊科 Asteraceae 飞蓬属 *Erigeron*

一年生草本。根纺锤状。茎直立，高50~100cm或更高，被疏长硬毛，上部多分枝。叶密集，下部叶倒披针形，长6~10cm，宽1~1.5cm，中部和上部叶较小，线状披针形或线形。头状花序多数，小，径3~4mm；总苞近圆柱状，长2.5~4mm；总苞片2~3层，淡绿色，线状披针形或线形，顶端渐尖；花托平，径2~2.5mm，具不明显的突起；雌花多数，舌状，白色，长2.5~3.5mm，舌片小，稍超出花盘；两性花淡黄色，花冠管状，长2.5~3mm。瘦果线状披针形，长1.2~1.5mm稍扁压。常生长于旷野、荒地、田边和路旁，为一种常见的杂草。嫩茎、叶可作猪饲料，全草入药。

一年蓬

学名：*Erigeron annuus*（L.）Pers.
俗名：治疟草、千层塔

菊科 Asteraceae 飞蓬属 *Erigeron*

一年生或二年生草本。基部叶长圆形或宽卵形，稀近圆形，长4~17cm，基部窄成具翅长柄，具粗齿；下部茎生叶与基部叶同形，叶柄较短；中部和上部叶长圆状披针形或披针形；最上部叶线形。头状花序数个或多数，排成疏圆锥花序，总苞半球形，总苞片3层，披针形，淡绿色或多少褐色；外围雌花舌状，2层，上部被疏微毛，舌片平展，白色或淡天蓝色；中央两性花管状，黄色，管部长约0.5mm。瘦果披针形，长约1.2mm，扁，被疏贴柔毛。常生于路边旷野或山坡荒地。全草可入药，有治疟的良效。

草地风毛菊

学名：*Saussurea amara*（L.）DC.
俗名：羊耳朵、驴耳风毛菊

菊科 Asteraceae 风毛菊属 *Saussurea*

多年生草本。基生叶与下部茎生叶披针状长椭圆形、椭圆形或披针形，长4~18cm；中上部茎生叶有短柄或无柄，椭圆形或披针形。头状花序在茎枝顶端排成伞房状或伞房圆锥花序；总苞窄钟状或圆柱形，径0.8~1.2cm，总苞片4层，外层披针形或卵状披针形，中层与内层线状长椭圆形或线形，长9mm，先端有淡紫红色；苞片绿色，背面疏被柔毛及黄色腺点；小花淡紫色。瘦果长圆形，长3mm，4肋；冠毛白色，2层。生于荒地、路边、森林草地、山坡、草原、盐碱地、河堤、沙丘、湖边、水边，海拔510~3200m。

鬼针草

学名：*Bidens pilosa* L.
俗名：金盏银盘、盲肠草、豆渣菜、豆渣草、引线包、一包针、粘连子、粘人草、对叉草、蟹钳草、虾钳草、三叶鬼针草、铁包针、狼把草、白花鬼针草

菊科 Asteraceae 鬼针草属 *Bidens*

一年生草本。茎无毛或上部被极疏柔毛。头状花序径8~9mm，花序梗长1~6cm；总苞基部被柔毛，外层总苞片7~8，线状匙形，草质，背面无毛或边缘有疏柔毛；无舌状花，盘花筒状，冠檐5齿裂。瘦果熟时黑色，线形，具棱，长0.7~1.3cm，上部具稀疏瘤突及刚毛，顶端芒刺3~4，具倒刺毛。生于村旁、路边及荒地中。常用草药，有清热解毒、散瘀活血之功效。

屋根草

学名：*Crepis tectorum* L.

菊科 Asteraceae 还阳参属 *Crepis*

一年生或二年生草本。茎枝被白色蛛丝状柔毛。基生叶及下部茎生叶披针状线形；中部叶与基生叶及下部叶同形或线形，等样分裂或不裂，无柄；上部叶线状披针形或线形，无柄，全缘。头状花序排成伞房或伞房圆锥花序；总苞钟状，长7.5~8.5mm，总苞片3~4层，长椭圆状披针形，边缘白色膜质，内面被贴伏糙毛；舌状小花黄色。瘦果纺锤形，长3mm，有10等粗纵肋；冠毛白色。生于山地林缘、河谷草地、田间或撂荒地，海拔900~1800m。

白莲蒿

学名：*Artemisia stechmanniana* Bess.

菊科 Asteraceae 蒿属 *Artemisia*

亚灌木状草本。茎、枝初被微柔毛。叶下面初密被灰白色平贴柔毛；茎下部与中部叶长卵形、三角状卵形或长椭圆状卵形，二至三回栉齿状羽状分裂，一回全裂；上部叶一至二回栉齿状羽状分裂；苞片叶羽状分裂或不裂。头状花序近球形，下垂，径2~3.5（4）mm，具短梗或近无梗，排成穗状总状花序，在茎上组成密集或稍开展圆锥花序；总苞片背面初密被灰白色柔毛；雌花10~12；两性花20~40。瘦果窄椭圆状卵圆形或窄圆锥形。生于中、低海拔地区的山坡、路旁、灌丛地及森林草原地区。民间入药，有清热、解毒、祛风、利湿之效；牲畜饲料。

黄花蒿

学名：*Artemisia annua* L.
俗名：香蒿

菊科 Asteraceae 蒿属 *Artemisia*

一年生草本。茎单生。茎、枝、叶两面及总苞片背面无毛或初叶下面微有极稀柔毛。叶两面具脱落性白色腺点及细小凹点，三（四）回栉齿状羽状深裂，每侧裂片5~8（10），中肋在上面稍隆起，中轴两侧有窄翅无小栉齿，稀上部有数枚小栉齿，叶柄长1~2cm，基部有半抱茎假托叶。头状花序球形，多数，径1.5~2.5mm，有短梗，基部有线形小苞叶；总苞片背面无毛；雌花10~18；两性花10~30。瘦果椭圆状卵圆形，稍扁。遍及全国。入药，作清热、解暑、截疟、凉血、利尿、健胃、止盗汗之用。

茵陈蒿

学名：*Artemisia capillaris* Thunb.
俗名：因尘、因陈、茵陈、绵茵陈、白茵陈、日本茵陈、家茵陈、绒蒿、安吕草

菊科 Asteraceae 蒿属 *Artemisia*

亚灌木状草本，植株有浓香。茎、枝初密被灰白色或灰黄色绢质柔毛。基生叶常成莲座状；基生叶、茎下部叶与营养枝叶两面均被棕黄色或灰黄色绢质柔毛，叶卵圆形或卵状椭圆形，长2~4（5）cm，二回羽状全裂，每侧裂片2~3（4），裂片3~5全裂，小裂片线形或线状披针形；中部叶宽卵形、近圆形或卵圆形，长2~3cm，（一至）二回羽状全裂，小裂片线形或丝线形。头状花序卵圆形，稀近球形，径1.5~2mm，有短梗及线形小苞片；总苞片淡黄色，无毛；雌花6~10；两性花3~7。瘦果长圆形或长卵圆形。生于低海拔地区河岸、海岸附近的湿润沙地、路旁及低山坡地区。入药，家畜饲料。

锯叶合耳菊

学名：*Synotis nagensium*（C. B. Clarke）C. Jeffreyb & Y. L. Chen
俗名：锯叶千里光、斑鸠菊状旋覆花

菊科 Asteraceae 合耳菊属 *Synotis*

多年生灌木状草本或亚灌木。茎高达1.5m，密被白色茸毛或黄褐色茸毛。叶倒卵状椭圆形、倒披针状椭圆形或椭圆形，长7~23cm，基部楔形或窄成短柄，边缘具小尖锯齿或重锯齿。头状花序具异形小花，盘状或不明显辐射状，多数，排成顶生及上部腋生窄圆锥状圆锥聚伞花序；总苞倒锥状钟形，外层苞片约8，线形；边缘小花12~13，花冠黄色，丝状或具细舌，长约6mm；管状花12~20，花冠黄色，长约6mm。瘦果圆柱形，疏被柔毛；冠毛白色。生于森林、灌丛及草地，海拔100~2000m。

异叶黄鹌菜

学名：*Youngia heterophylla*（Hemsl.）Babc. & Stebbins
俗名：黄狗头

菊科 Asteraceae 黄鹌菜属 *Youngia*

一年生或二年生草本。茎枝疏生节毛。基生叶椭圆形，边缘有凹尖齿，或倒披针状长椭圆形，大头羽状深裂，中下部茎生叶与基生叶同形并等样分裂或戟形，上部叶大头羽状3全裂或戟形，最上部茎生叶披针形或窄披针形；全部叶或仅基生叶下面紫红色。头状花序排成伞房花序；总苞圆柱状，4层，舌状小花黄色。瘦果黑褐紫色，纺锤形；冠毛白色。生于山坡林缘、林下及荒地，海拔420~2250m。

华火绒草

学名：*Leontopodium sinense* Hemsl.
俗名：木茎火绒草、白雪火绒草

菊科 Asteraceae 火绒草属 *Leontopodium*

多年生草本。根茎常成球茎状，有1~10个簇生花茎。茎下部或全部木质，被白色密茸毛，基部常脱毛。叶密集；中部叶长圆状线形，长1.8~4.5cm，基部窄，有小耳，无柄，上面被蛛丝状毛或疏茸毛，下面被白色或黄白色厚茸毛；上部叶基部渐窄；苞叶多数，椭圆状线形或椭圆状披针形，两面被白色或上面带绿色厚茸毛，开展成径2.5~7.5cm的苞叶群。头状花序径3.5~5mm，7~20个疏散排列或稍密集；总苞长3~4mm，被白色茸毛，总苞片约3层，褐色。瘦果有乳突。生于亚高山干旱草地、草甸、沙地灌丛和针叶林中，海拔2000~3100m。

火绒草

学名：*Leontopodium leontopodioides*（Willd.）Beauv.
俗名：绢绒火绒草、老头艾、老头草、海哥斯梭利、大头毛香、火绒蒿、驴耳朵

菊科 Asteraceae 火绒草属 *Leontopodium*

多年生草本。根茎有多数簇生花茎和根出条。叶线形或线状披针形，长2~4.5cm，宽2~5mm，上面灰绿色，被柔毛，下面被白色或灰白色密绵毛或被绢毛。苞叶少数，长圆形或线形，两面或下面被白色或灰白色厚茸毛，与花序等长或较长，在雄株多少开展成苞叶群，在雌株多少直立，不形成苞叶群；头状花序雌株径0.7~1cm，密集，稀1个或较多，在雌株常有较长花序梗排成伞房状；总苞半球形，长4~6mm，被白色绵毛，总苞片约4层，稍露出毛茸。瘦果有乳突或密粗毛。生于干旱草原、黄土坡地、石砾地、山区草地，稀生于湿润地，海拔100~3200m。全草药用，治疗蛋白尿及血尿。

魁蓟

学名：*Cirsium leo* Nakaiet Kitag.

菊科 Asteraceae 蓟属 *Cirsium*

多年生草本，高达1m。茎枝被长毛。基部和下部茎生叶长椭圆形或倒披针状长椭圆形，羽状深裂，侧裂片8~12对，侧裂片有三角形刺齿，向上的叶渐小。头状花序排成伞房花序；总苞钟状，径达4cm，总苞片8层，镊合状排列，近等长，边缘或上部边缘有针刺，外层与中层钻状长三角形或钻状披针形，背面疏被蛛丝毛，内层硬膜质，披针形或线形；小花紫色或红色，檐部长1.4cm，细管部长1cm。瘦果灰黑色，偏斜椭圆形；冠毛污白色。生于山谷、山坡草地、林缘、河滩及石滩地，或岩石隙缝中或溪旁、河旁或路边潮湿地及田间，海拔700~3400m。

牛口刺

学名：*Cirsium shansiense* Petrak

菊科 Asteraceae 蓟属 *Cirsium*

多年草本，高0.3~1.5m。根直伸，径可达2cm。茎枝被长毛或茸毛。中部茎生叶卵形、披针形、长椭圆形、椭圆形或线状长椭圆形，羽状浅裂、半裂或深裂，基部渐窄，扩大抱茎；侧裂片3~6对，偏斜三角形或偏斜半椭圆形，顶裂片长三角形、宽线形或长线形，先端及边缘有针刺，向上的叶渐小，具齿裂。头状花序多数在茎枝顶端排成明显或不明显的伞房花序，少有头状花序单生茎顶而植株仅含1个头状花序的；总苞卵形或卵球形，无毛。瘦果偏斜椭圆状倒卵形，长4mm，宽2mm，顶偏截形。生于山坡、山顶、山脚、山谷林下或灌木林下、草地、河边湿地、溪边和路旁，海拔1300~3400m。

线叶蓟

学名：*Cirsium lineare*（Thunb.）Sch.-Bip.
俗名：湖北蓟

菊科 Asteraceae 蓟属 *Cirsium*

多年生草本。茎枝被蛛丝毛及长毛或几无毛。下部和中部茎生叶长椭圆形、披针形或倒披针形，长6~12cm，不裂，基部渐窄成翼柄；向上叶渐小，无叶柄；叶上面绿色，被长毛，下面色淡，被蛛丝状薄毛，边缘有细密针刺。头状花序排成圆锥状伞房花序；总苞卵圆形或长卵圆形，总苞片约6层，覆瓦状排列，向内层渐长，先端有针刺，内层披针形或三角状披针形，最内层线形或线状披针形，先端膜质，红色；小花紫红色。瘦果倒金字塔状；冠毛浅褐色，长达1.5cm。生于山坡或路旁，海拔900~1700m。

烟管蓟

学名：*Cirsium pendulum* Fisch. ex DC.

菊科 Asteraceae 蓟属 *Cirsium*

多年生草本，高达3m。茎枝被长节毛。基生叶及下部茎生叶长椭圆形、偏斜椭圆形、长倒披针形或椭圆形，二回羽状分裂，一回为深裂，侧裂片5~7对，一回侧裂片一侧深裂或半裂，边缘有针刺状缘毛或兼有刺齿，二回裂片边缘及顶端有针刺；向上的叶渐小，无柄或耳状抱茎；叶两面绿色或下面稍淡，无毛。头状花序下垂，排成总状圆锥花序；总苞钟状，约10层，覆瓦状排列，向内层渐长，外层与中层长三角形或钻状披针形，上部或中部以上钻状，内层披针形或线状披针形；小花紫色或红色，管部细丝状。瘦果倒披针形；冠毛污白色。生于山谷、山坡草地、林缘、林下、岩石缝隙、溪旁及村旁，海拔300~2240m。

假臭草

学名：*Praxelis clematidea* Cassini

菊科 Asteraceae 假臭草属 *Praxelis*

一年生或短命的多年生草本，全株被长柔毛。茎直立，高0.3~1m，多分枝。叶对生，叶长2.5~6cm，宽1~4cm，卵圆形至菱形，具腺点，先端急尖，基部圆楔形，具三脉，边缘明显齿状，每边5~8齿；叶柄长0.3~2cm，揉搓叶片可闻到类似猫尿的刺激性气味。头状花序生于茎、枝端，总苞钟形，7~10mm×4~5mm，总苞片4~5层，小花25~30朵，藏蓝色或淡紫色；花冠长3.5~4.8mm。瘦果黑色，条状，具3~4棱；种子长2~3mm，宽约0.6mm。常生于路边、荒地、农田和草地等，在低山、丘陵及平原普遍生长。

尖裂假还阳参

学名：*Crepidiastrum sonchifolium*（Maximowicz）Pak & Kawano
俗名：抱茎苦荬菜、猴尾草、鸭子食、盘尔草、秋苦荬菜、苦荬菜、苦蝶子、野苦荬菜、精细小苦荬、抱茎小苦荬、尖裂黄瓜菜

菊科 Asteraceae 假还阳参属 *Crepidiastrum*

多年生草本。茎上部分枝。基生叶莲座状，匙形至长椭圆形，基部渐窄成宽翼柄，不裂或大头羽状深裂，上部叶心状披针形，多全缘，基部心形或圆耳状抱茎。头状花序排成伞房或伞房圆锥花序，总苞圆柱形，舌状小花黄色。瘦果黑色，纺锤形，喙细丝状；冠毛白色。生于山坡或平原路旁、林下、河滩地、岩石上或庭院中，海拔100~2700m。全草入药，有清热解毒，有凉血、活血之功效。

菊状千里光

学名：*Jacobaea analoga* (Candolle) Veldkamp

菊科 Asteraceae 疆千里光属 *Jacobaea*

多年生根状茎草本。茎单生，高40~80cm。基生叶在花期生存或凋落，茎叶具柄，卵状椭圆形，卵状披针形至倒披针形；中部茎叶长圆形或倒披针状长圆形，基部具耳；上部叶渐小，长圆状披针形或长圆状线形，具粗羽状齿。头状花序有舌状花，多数，排列成顶生伞房花序或复伞房花序；有线形苞片和2~3线状钻形小苞片。瘦果圆柱形，全部或管状花的瘦果有疏毛；冠毛长约4mm，污白色，禾秆色或稀淡红色。生于林下、林缘、开旷草坡、田边和路边，海拔1100~3750m。

二色金光菊

学名：*Rudbeckia bicolor* Nutt.

菊科 Asteraceae 金光菊属 *Rudbeckia*

多年生草本，高50~200cm。上部有分枝，无毛或稍有短糙毛。叶互生，无毛或被疏短毛；下部叶具叶柄，不分裂或羽状5~7深裂，裂片长圆状披针形，顶端尖，边缘具不等的疏锯齿或浅裂；中部叶3~5深裂，上部叶不分裂，卵形，顶端尖，全缘或有少数粗齿。头状花序单生于枝端，具长花序梗；总苞半球形；总苞片2层，长圆形，上端尖，稍弯曲，被短毛；花托球形；托片顶端截形，被毛，与瘦果等长；舌状花金黄色；舌片倒披针形，长约为总苞片的2倍，顶端具2短齿；管状花黄色或黄绿色。瘦果无毛，压扁，稍有4棱。观赏植物，常见栽培。

小山菊

学名：*Chrysanthemum oreastrum* Hance

菊科 Asteraceae 菊属 *Chrysanthemum*

多年生草本。茎密被柔毛，下部毛渐稀至无毛。基生叶及中部茎生叶菱形、扇形或近肾形，长0.5~2.5cm，二回掌状或掌式羽状分裂，一至二回全裂；最上部及接花序下部叶羽裂或3裂，小裂片线形或宽线形，宽0.5~2mm；叶下面密被长柔毛至几无毛，有柄。头状花序径2~4cm，单生茎顶，稀茎生2~3头状花序；总苞浅碟状，径1.5~3.5cm，总苞片4层，边缘棕褐色或黑褐色宽膜质，外层线形、长椭圆形或卵形，长5~9mm，中内层长卵形、倒披针形，长6~8mm，中外层背面疏被长柔毛。瘦果长约2mm。生于草甸，海拔1800~3000m。

野菊

学名：*Chrysanthemum indicum* Linnaeus
俗名：菊花脑

菊科 Asteraceae 菊属 *Chrysanthemum*

多年生草本。茎枝疏被毛。中部茎生叶卵形、长卵形或椭圆状卵形，长3~7（10）cm，羽状半裂、浅裂，有浅锯齿，基部平截、稍心形或宽楔形，裂片先端尖，叶柄长1~2cm，柄基无耳或有分裂叶耳，两面淡绿色，或干后两面橄榄色，疏生柔毛。头状花序径1.5~2.5cm，排成疏散伞房圆锥花序或伞房状花序；总苞片约5层，边缘白色或褐色宽膜质，先端钝或圆，外层卵形或卵状三角形，长2.5~3mm，中层卵形，内层长椭圆形；舌状花黄色，舌片长1~1.3cm，先端全缘或2~3齿。瘦果长1.5~1.8mm。生于山坡草地、灌丛、河边水湿地、滨海盐渍地、田边及路旁。叶、花及全草入药。

长裂苦苣菜

学名：*Sonchus brachyotus* DC.
俗名：苣荬菜

菊科 Asteraceae 苦苣菜属 *Sonchus*

一年生草本，高50~100cm。基生叶与下部茎叶全形卵形、长椭圆形或倒披针形，羽状深裂、半裂或浅裂，极少不裂，向下渐狭，无柄或有长1~2cm的短翼柄，基部圆耳状扩大，半抱茎，侧裂片3~5对或奇数，顶裂片披针形，全部裂片边缘全缘，有缘毛或无缘毛或缘毛状微齿。头状花序少数在茎枝顶端排成伞房状花序；总苞钟状，4~5层，最外层卵形；舌状小花多数，黄色。瘦果长椭圆状，褐色，稍压扁；冠毛白色，纤细，柔软，纠缠，单毛状，长1.2cm。生于山地草坡、河边或碱地，海拔350~2260m。

续断菊

学名：*Sonchus asper*（L.）Hill.
俗名：断续菊、花叶滇苦荬菜、花叶滇苦菜

菊科 Asteraceae 苦苣菜属 *Sonchus*

一年生草本。茎单生或簇生，茎枝无毛或上部及花序梗被腺毛。中下部茎生叶长椭圆形、倒卵形、匙状或匙状椭圆形，连翼柄长7~13cm，柄基耳状抱茎或基部无柄；上部叶披针形，不裂，基部圆耳状抱茎；叶及裂片与抱茎圆耳边缘有尖齿刺，两面无毛。头状花序排成稠密伞房花序；总苞宽钟状，绿色，草质，背面无毛，外层长披针形或长三角形，中内层长椭圆状披针形或宽线形；舌状小花黄色。瘦果倒披针状，褐色。生于山坡、林缘及水边，海拔1550~3650m。

鳢肠

学名：*Eclipta prostrata*（L.）L.
俗名：凉粉草、墨汁草、墨旱莲、墨莱、旱莲草、野万红、黑墨草

菊科 Asteraceae 鳢肠属 *Eclipta*

一年生草本。茎基部分枝，被贴生糙毛。叶长圆状披针形或披针形，长3~10cm，边缘有细锯齿或波状，两面密被糙毛，无柄或柄极短。头状花序径6~8mm，花序梗长2~4cm；总苞球状钟形，总苞片绿色，草质，5~6排成2层，长圆形或长圆状披针形，背面及边缘被白色伏毛；外围雌花2层，舌状，舌片先端2浅裂或全缘；中央两性花多数，花冠管状，白色。瘦果暗褐色，长2.8mm，雌花瘦果三棱形，两性花瘦果扁四棱形，边缘具白色肋，有小瘤突，无毛。生于河边、田边或路旁。全草入药，有凉血、止血、消肿、强壮之功效。

毛连菜

学名：*Picris hieracioides* L.

菊科 Asteraceae 毛连菜属 *Picris*

二年生草本。茎上部呈伞房状或伞房圆状分枝，被光亮钩状硬毛。基生叶花期枯萎；下部茎生叶长椭圆形或宽披针形，长8~34cm，全缘或有锯齿，基部渐窄成翼柄；中部和上部叶披针形或线形，无柄，基部半抱茎；最上部叶全缘；叶两面被硬毛。头状花序排成伞房或伞房圆锥花序，花序梗细长；总苞圆柱状钟形，长达1.2cm，总苞片3层，背面被硬毛和柔毛，外层线形，长2~4mm，内层线状披针形，长1~1.2cm，边缘白色膜质；舌状小花黄色，冠筒被白色柔毛。瘦果纺锤形，长约3mm，棕褐色；冠毛白色。生于山坡草地、林下、沟边、田间、撂荒地或沙滩地，海拔560~3400m。

日本毛连菜

学名：*Picris japonica* Thunb.
俗名：兴安毛连菜

菊科 Asteraceae 毛连菜属 *Picris*

多年生草本。茎枝被黑色或黑绿色钩状硬毛。基生叶花期枯萎；下部莲生叶倒披针形、椭圆状披针形或椭圆状倒披针形，长12~20cm，基部渐窄成翼柄，边缘有细尖齿、钝齿或浅波状，两面被硬毛；中部叶披针形，无柄，基部稍抱茎，两面被硬毛；上部叶线状披针形，被硬毛。头状花序排成伞房或伞房圆锥花序，有线形苞叶；总苞圆柱状钟形，总苞片3层，黑绿色，背面被近黑色硬毛；舌状小花黄色，舌片基部疏被柔毛。瘦果椭圆状，棕褐色。生于山坡草地、林缘、林下、灌丛中或林间荒地或田边、河边、沟边或高山草甸，海拔650~3650m。全草入蒙药，具有清热、消肿及止痛之效。

泥胡菜

学名：*Hemisteptia lyrata*（Bunge）Fischer & C. A. Meyer
俗名：艾草、猪兜菜

菊科 Asteraceae 泥胡菜属 *Hemisteptia*

高30~100cm。茎单生，被稀疏蛛丝毛。基生叶长椭圆形或倒披针形；中下部茎叶与基生叶同形，长4~15cm或更长，宽1.5~5cm或更宽，全部叶大头羽状深裂或几全裂，侧裂片2~6对。头状花序在茎枝顶端排成疏松伞房花序；总苞宽钟状或半球形；全部苞片质地薄，草质，中外层苞片外面上方近顶端有直立的鸡冠状突起的附片，附片紫红色；小花紫色或红色，细管部为细丝状，长1.1cm。瘦果小，楔状或偏斜楔形，深褐色。生于山坡、山谷、平原、丘陵的林缘、林下、草地、荒地、田间、河边、路旁等处，海拔50~3280m。

牛蒡

学名：*Arctium lappa* L.
俗名：大力子、恶实

菊科 Asteraceae 牛蒡属 *Arctium*

二年生草本，高达2m。茎枝疏被乳突状短毛及长蛛丝毛并具棕黄色小腺点。基生叶宽卵形，基部心形，上面疏生糙毛及黄色小腺点，下面灰白色或淡绿色，被茸毛，有黄色小腺点。头状花序排成伞房或圆锥状伞房花序，花序梗粗；总苞卵形或卵球形，径1.5~2cm，总苞片多层，绿色；小花紫红色，花冠外面无腺点。瘦果倒长卵圆形或偏斜倒长卵圆形，浅褐色；冠毛多层，浅褐色，冠毛刚毛糙毛状，不等长。生于山坡、山谷、林缘、林中、灌木丛中、河边潮湿地、村庄路旁或荒地，海拔750~3500m。瘦果和根入药。

牛膝菊

学名：*Galinsoga parviflora* Cav.
俗名：铜锤草、珍珠草、向阳花、辣子草

菊科 Asteraceae 牛膝菊属 *Galinsoga*

一年生草本。茎枝被贴伏柔毛和少量腺毛。叶对生，卵形或长椭圆状卵形；向上及花序下部的叶披针形；茎叶两面疏被白色贴伏柔毛。头状花序半球形，排成疏散伞房状；总苞半球形或宽钟状，总苞片1~2层，约5个，外层短，内层卵形或卵圆形，白色，膜质；舌状花4~5，舌片白色，先端3齿裂，筒部细管状；管状花黄色，下部密被白色柔毛。瘦果具3棱或中央瘦果4~5棱，熟时黑色或黑褐色。生于林下、河谷地、荒野、河边、田间、溪边或市郊路旁。全草药用，有止血、消炎之功效。

蒲公英

学名：*Taraxacum mongolicum* Hand.-Mazz.
俗名：黄花地丁、婆婆丁、蒙古蒲公英、灯笼草、姑姑英、地丁

菊科 Asteraceae 蒲公英属 *Taraxacum*

多年生草本。叶倒卵状披针形、倒披针形，边缘有时具波状齿或羽状深裂，每侧裂片3~5，叶柄及主脉常带红紫色。花莛1至数个，高10~25cm，上部紫红色，密被总苞钟状，长1.2~1.4cm，淡绿色，总苞片2~3层，外层卵状披针形或披针形，边缘宽膜质，基部淡绿色，上部紫红色；内层线状披针形，长1~1.6cm，先端紫红色。瘦果倒卵状披针形，暗褐色，长约4~5mm；冠毛白色，长约6mm。广泛生于中、低海拔地区的山坡草地、路边、田野、河滩。全草供药用，有清热解毒、消肿散结之功效。

千里光

学名：*Senecio scandens* Buch.-Ham. ex D. Don
俗名：蔓黄菀、九里明

菊科 Asteraceae 千里光属 *Senecio*

多年生攀缘草本。茎长2~5m，多分枝，被柔毛或无毛。叶卵状披针形或长三角形，长2.5~12cm，基部宽楔形、平截、戟形，稀心形，边缘常具齿，稀全缘，近基部具1~3对较小侧裂片；上部叶变小，披针形或线状披针形。头状花序有舌状花，排成复聚伞圆锥花序；分枝和花序梗被柔毛；总苞圆柱状钟形，长5~8mm，外层苞片约8，线状钻形，长2~3mm，总苞片12~13，线状披针形；舌状花8~10，管部长4.5mm，舌片黄色，长圆形，长0.9~1cm；管状花多数，花冠黄色，长7.5mm。瘦果圆柱形，被柔毛。常生于森林、灌丛中，攀缘于灌木、岩石上或溪边，海拔50~3200m。

秋英

学名：*Cosmos bipinnatus* Cavanilles
俗名：格桑花、扫地梅、波斯菊、大波斯菊

菊科 Asteraceae 秋英属 *Cosmos*

一年生或多年生草本，高达2m。茎无毛或稍被柔毛。叶二回羽状深裂；头状花序单生，径3~6cm，花序梗长6~18cm；总苞片外层披针形或线状披针形，近革质，淡绿色，具深紫色条纹，长1~1.5cm，内层椭圆状卵形，膜质；舌状花紫红色、粉红色或白色，舌片椭圆状倒卵形，长2~3cm；管状花黄色，长6~8mm，管部短，上部圆柱形，有披针状裂片。瘦果黑紫色，长0.8~1.2cm，无毛，上端具长喙，有2~3尖刺。可用作观赏。

山柳菊

学名：*Hieracium umbellatum* L.
俗名：伞花山柳菊

菊科 Asteraceae 山柳菊属 *Hieracium*

多年生草本。茎被极稀疏小刺毛。基生叶及下部茎生叶花期脱落；中上部茎生叶互生，无柄，披针形或窄线形，基部窄楔形，全缘或疏生尖齿；向上的叶渐小，与中上部叶同形并具毛。头状花序排成伞房或伞房圆锥花序，稀单生茎端，花序梗被星状毛及单毛；总苞黑绿色，钟状，总苞片3~4层，背面先端无毛，有时基部被星状毛，外层披针形，内层线状长椭圆形；舌状小花黄色。瘦果黑紫色，长约3mm，圆柱形，无毛；冠毛淡黄色，糙毛状。生于山坡林缘、林下或草丛中、松林代木迹地及河滩沙地。全草饲用或染制羊毛与丝绸。

高山蓍

学名：*Achillea alpina* L.

菊科 Asteraceae 蓍属 *Achillea*

多年生草本。茎被伏柔毛。叶无柄，线状披针形，长6~10cm，篦齿羽状浅裂至深裂，基部裂片抱茎，裂片线形或线状披针形。头状花序集成伞房状；总苞宽长圆形或近球形，总苞片3层，宽披针形或长椭圆形，中间绿色，边缘较宽，膜质，褐色，疏生长柔毛；边缘舌状花，舌片白色，宽椭圆形，长2~2.5mm，先端3浅齿，管部翅状扁，无腺点；管状花白色，冠檐5裂。瘦果宽倒披针形，边肋淡色。常见于山坡草地、灌丛间、林缘。

秋鼠麹草

学名：*Pseudognaphalium hypoleucum*（Candolle）Hilliard & B. L. Burtt
俗名：亮褐秋鼠麹草、同白秋鼠麹草

菊科 Asteraceae 鼠麹草属 *Pseudognaphalium*

茎基部通常草质。叶质较厚，线状倒披针形，长2~4cm，宽2~6mm，两面密被白色绵毛，上面无腺毛。头状花序多数，球形，密集成复球状；总苞亮黄褐色，总苞片短尖。生于荒坡干燥地或路旁草丛中，海拔约800m。

鼠麴草

学名：*Pseudognaphalium affine*（D. Don）Anderberg
俗名：田艾、清明菜、拟鼠麴草、秋拟鼠麴草

菊科 Asteraceae 鼠麴草属 *Pseudognaphalium*

一年生草本。茎直立或基部有匍匐或斜上分枝，被白色厚绵毛。叶无柄，匙状倒披针形或倒卵状匙形，上部叶基部渐狭，稍下延，顶端圆，具刺尖头，两面被白色绵毛，上面常较薄，叶脉1条，在下面不明显。头状花序径2~3mm，在枝顶密集成伞房状，花黄色或淡黄色；总苞钟形，径2~3mm，总苞片2~3层，金黄色或柠檬黄色，膜质，有光泽，外层倒卵形或匙状倒卵形，背面基部被绵毛，内层长匙形，背面无毛；瘦果倒卵形或倒卵状圆柱形，有乳突；冠毛粗糙，污白色。生于低海拔干地或湿润草地上，尤以稻田最常见。茎叶入药。

天名精

学名：*Carpesium abrotanoides* L.
俗名：地菘、天蔓青、鹤虱、野烟叶、野烟、野叶子烟

菊科 Asteraceae 天名精属 *Carpesium*

多年生粗壮草本。茎下部近无毛，上部密被柔毛，多分枝。茎下部叶宽椭圆形或长椭圆形，长8~16cm，上面被柔毛，有细小腺点，具不规则钝齿，叶柄长0.5~1.5cm，密被柔毛；茎上部叶较密，长椭圆形或椭圆状披针形，具短柄；叶宽椭圆形至椭圆状披针形，茎上部叶较密且狭。头状花序多数，生茎端及沿茎、枝生于叶腋，成穗状排列，着生茎端及枝端者具椭圆形或披针形苞叶，总苞钟状球形，3层，向内渐长；雌花窄筒状，两性花筒状。生于村旁、路边荒地、溪边及林缘，垂直分布可达海拔2000m。果实及全草供药用。

烟管头草

学名：*Carpesium cernuum* L.
俗名：烟袋草、杓儿菜

菊科 Asteraceae 天名精属 *Carpesium*

多年生草本。茎基部叶腋成绵毛状，基生叶多开花前凋萎，叶长椭圆形至椭圆状披针形，基生叶具长柄，向上渐短至不明显。总苞半球形，径1~2cm，总苞片4层，外层叶状，披针形，草质或基部干膜质，密被长柔毛，先端钝，通常反折，中层及内层干膜质，窄长圆形或条形，有微齿。头状花序单生茎枝端，苞叶多枚，椭圆状披针形至条状匙形，总苞半球形，4层；雌花窄筒状，两性花筒状，冠檐5齿裂。瘦果长4~4.5mm。生于路边荒地及山坡、沟边等处。全草入药。

三裂叶豚草

学名：*Ambrosia trifida* L.
俗名：豚草、三裂豚草、大破布草

菊科 Asteraceae 豚草属 *Ambrosia*

一年生粗壮草本，高50~120cm。叶对生，有时互生，具叶柄，下部叶3~5裂，上部叶3裂或不裂，裂片卵状披针形或披针形，有锐齿，基脉3出；叶柄长2~3.5cm，被糙毛。雄头状花序多数，圆形，径约5mm，花序梗长2~3mm，在枝端密集成总状；总苞浅碟形，绿色，总苞片有3肋，有圆齿，被疏糙毛；每头状花序有20~25不育小花；小花黄色，长1~2mm；花冠钟形，上端5裂，外面有5紫色条纹；总苞倒卵形，长6~8mm，顶端具圆锥状短嘴。瘦果倒卵形，无毛，藏于坚硬的总苞中。常见于田野、路旁或河边的湿地。

翅果菊

学名：*Lactuca indica* L.
俗名：野莴苣、山马草、苦莴苣、山莴苣、多裂翅果菊

菊科 Asteraceae 莴苣属 *Lactuca*

一年生或二年生草本。茎生叶线形，无柄，边缘常全缘或基部或中部以下有小尖头或疏生细齿或尖齿，或茎生叶线状长椭圆形、长椭圆形或倒披针状长椭圆形，中下部茎生叶长15~20cm，边缘有三角形锯齿或偏斜卵状大齿。头状花序果期卵圆形，排成圆锥花序；总苞长1.5cm，总苞片4层，边缘染紫红色；舌状小花25，黄色。瘦果椭圆形，长3~5mm，黑色。生于山谷、山坡林缘及林下、灌丛中或水沟边、山坡草地或田间，海拔300~2000m。

豨莶

学名：*Sigesbeckia orientalis* Linnaeus
俗名：粘糊菜、虾柑草

菊科 Asteraceae 豨莶属 *Sigesbeckia*

一年生草本。茎上部分枝常成复二歧状，分枝被灰白色柔毛。茎中部叶三角状卵圆形或卵状披针形，基部下延成具翼的柄，边缘有不规则浅裂或粗齿，下面淡绿，具腺点，两面被毛，基脉3出；上部叶卵状长圆形，边缘浅波状或全缘。头状花序径1.5~2cm，多数聚生枝端，排成具叶圆锥花序，花序梗长1.5~4cm，密被柔毛；总苞宽钟状，总苞片2层，叶质，背面被紫褐色腺毛，外层5~6，线状匙形或匙形，内层苞片卵状长圆形或卵圆形。瘦果倒卵圆形，有4棱。生于山野、荒草地、灌丛、林缘及林下，海拔110~2700m。全草供药用，有解毒、镇痛之功效。

下田菊

学名：*Adenostemma lavenia*（L.）O. Kuntze
俗名：牙桑西哈、水胡椒、汗苏麻、风气草、胖婆娘、白龙须、猪耳朵叶

菊科 Asteraceae 下田菊属 *Adenostemma*

一年生草本。全株叶稀疏。茎单生，坚硬，上部叉状分枝，被白色柔毛，下部或中部以下无毛。花序分枝粗，花序梗长0.8~3cm，被灰白色或锈色柔毛；总苞半球形，径6~8mm，总苞片2层，窄长椭圆形，近膜质，绿色，外层苞片大部合生，外面疏被白色长柔毛，基部毛较密；花冠下部被黏质腺毛，被柔毛。瘦果倒披针形，被腺点，熟时黑褐色；冠毛4，棒状，顶端有棕黄色黏质腺体。生长于水边、路旁、柳林沼泽地、林下及山坡灌丛中，海拔460~2000m。全草药用，治感冒，外敷治痈肿疮疖，并治五步蛇咬伤。

珠光香青

学名：*Anaphalis margaritacea*（L.）Benth. & Hook. f.
俗名：山荻

菊科 Asteraceae 香青属 *Anaphalis*

茎直立或斜升，高30~60cm，被灰白色绵毛。下部叶在花期常枯萎，顶端钝；中部叶开展，线形或线状披针形，下面被灰白色至红褐色厚绵毛，有单脉或3~5出脉。头状花序多数，在茎和枝端排列成复伞房状；花序梗长4~17mm；总苞宽钟状或半球状，5~7层，多少开展，基部多少褐色，上部白色；雌株头状花序外围有多层雌花，中央有3~20雄花；雄株头状花全部有雄花或外围有极少数雌花；花冠长3~5mm。瘦果长椭圆形，长0.7mm。生于亚高山或低山草地、石砾地、山沟及路旁，海拔300~3400m。在欧洲已驯化，常栽培供观赏用。

菊芋

学名：*Helianthus tuberosus* L.
俗名：鬼子姜、番羌、洋羌、五星草、菊诸、洋姜、芋头

菊科 Asteraceae 向日葵属 *Helianthus*

多年生草本。茎高达3m，有分枝，被白色糙毛或刚毛。叶对生，卵圆形或卵状椭圆形，长10~16cm，有粗锯齿，离基3出脉，上面被白色粗毛，下面被柔毛，叶脉有硬毛，有长柄；上部叶长椭圆形或宽披针形，基部下延成短翅状。头状花序单生枝端，有1~2线状披针形苞片，直立，径2~5cm；总苞片多层，披针形，长1.4~1.7cm，背面被伏毛；舌状花12~20，舌片黄色，长椭圆形，长1.7~3cm；管状花花冠黄色，长6mm。瘦果小，楔形，上端有2~4有毛的锥状扁芒。可供食用，优良的多汁饲料。

小苦荬

学名：*Ixeridium dentatum*（Thunb.）Tzvel.

菊科 Asteraceae 小苦荬属 *Ixeridium*

多年生草本。茎上部分枝，茎枝无毛。基生叶长倒披针形、长椭圆形或椭圆形，长1.5~15cm，不裂；茎生叶少数，披针形、长椭圆状披针形或倒披针形，不裂，基部耳状抱茎，中部以下或基部边缘有缘毛状锯齿；叶两面无毛；头状花序排成伞房状花序；总苞圆，黄色，稀白色。瘦果纺锤形，长3mm，稍扁，有10细肋，细丝状喙长约1mm；冠毛麦秆黄色或黄褐色。生于山坡、山坡林下、潮湿处或田边，海拔380~1050m。

三角叶须弥菊

学名：*Himalaiella deltoidea*（Candolle）Raab-Straube
俗名：海肥干、三角叶风毛菊

菊科 Asteraceae 须弥菊属 *Himalaiella*

二年生草本。茎直立，高0.4~2m；被稠密的锈色多细胞节毛。中下部茎叶有叶柄，柄长3~6cm，叶片大头羽状全裂，顶裂片大，三角形或三角状戟形；最上部茎叶更小，有短柄或几无柄，披针形或长椭圆形，边缘有尖锯齿或全缘。头状花序大，下垂或歪斜，有长花梗，排列成圆锥花序；总苞半球形或宽钟状，被稀疏蛛丝状毛；总苞片5~7层，外层卵状披针形或卵状长圆形。瘦果倒圆锥状，长5mm，黑色。生于山坡、草地、林下、灌丛、荒地、牧场、杂木林中及河谷林缘，海拔800~3400m。

欧亚旋覆花

学名：*Inula britannica* L.
俗名：大花旋覆花、旋覆花

菊科 Asteraceae 旋覆花属 *Inula*

多年生草本。茎上部有伞房状分枝，被长柔毛。基部叶长椭圆形或披针形，长3~12cm，下部渐窄成长柄；中部叶长椭圆形，长5~13cm，基部心形或有耳，半抱茎，有疏齿，稀近全缘。头状花序1~5生于茎枝端，径2.5~5cm，花序梗长1~4cm；总苞半球形，径1.5~2.2cm，总苞片4~5层；舌状花舌片线形，黄色，长1~2cm；管状花花冠有三角状披针形裂片，冠毛白色，与管状花花冠约等长，有20~25微糙毛。瘦果圆柱形，长1~1.2mm，有浅沟，被毛。生于河流沿岸、湿润坡地、田埂和路旁。

羊耳菊

学名：*Duhaldea cappa*（Buchanan-Hamilton ex D. Don）Pruski & Anderberg
俗名：八面风、白面风、壮牛浪、蜡毛香、白面猫子骨、白牛胆、山白芷、羊耳风、猪耳风

菊科 Asteraceae 羊耳菊属 *Duhaldea*

亚灌木。茎被污白或浅褐色密茸毛。叶长圆形或长圆状披针形；中部叶长10~16cm，上部叶近无柄；叶基部圆或近楔形，有小尖头状细齿或浅齿。头状花序倒卵圆形，多数密集茎枝端成聚伞圆锥状；线形苞叶被绢状密茸毛；总苞近钟形，约5层，线状披针形，外层较内层短3~4倍，背面被污白或带褐色绢状茸毛；小花长4~5.5mm；边缘小花舌片短小，有3~4裂片；中央小花管状。瘦果长圆柱形；生于亚热带和热带的低山和亚高山的湿润或干燥丘陵地、荒地、灌丛或草地，海拔500~3200m。全草或根供药用。

野茼蒿

学名：*Crassocephalum crepidioides*（Benth.）S. Moore
俗名：冬风菜、假茼蒿、草命菜、昭和草

菊科 Asteraceae 野茼蒿属 *Crassocephalum*

直立草本，高0.2~1.2m，无毛。叶膜质，椭圆形或长圆状椭圆形，先端渐尖，基部楔形，边缘有不规则锯齿或重锯齿，或基部羽裂。头状花序在茎端排成伞房状，径约3cm；总苞钟状，长1~1.2cm，有数枚线状小苞片，总苞片1层，线状披针形，先端有簇状毛；小花全部管状，两性，花冠红褐色或橙红色；花柱分枝，顶端尖，被乳头状毛。瘦果窄圆柱形，红色，白色冠毛多数，绢毛状。生于山坡路旁、水边、灌丛中。全草入药，嫩叶可食。

小一点红

学名：*Emilia prenanthoidea* DC.
俗名：耳挖草、细红背叶

菊科 Asteraceae 一点红属 *Emilia*

一年生草本，高30~90cm。基部叶小，倒卵形或倒卵状长圆形，顶端钝，基部渐狭成长柄，中部茎叶长圆形或线状长圆形，上部叶小线状披针形。头状花序在茎枝端排列成疏伞房状；花序梗细纤，长3~10cm；总苞圆柱形或狭钟形，基部无小苞片；总苞片10，短于小花，边缘膜质；小花花冠红色或紫红色，管部细，檐部5齿裂，裂片披针形；花柱分枝顶端增粗。瘦果圆柱形，具5肋。生于山坡路旁、疏林或林中潮湿处，海拔550~2000m。

一点红

学名：*Emilia sonchifolia*（L.）DC.
俗名：紫背叶、红背果、片红青、叶下红、红头草、牛奶奶、花古帽、野木耳菜、羊蹄草、红背叶

菊科 Asteraceae 一点红属 *Emilia*

一年生草本，高达40cm，常基部分枝。下部叶密集，大头羽状分裂，长5~10cm，下面常变紫色，两面被卷毛；中部叶疏生，较小，卵状披针形或长圆状披针形，基部箭状抱茎，全缘或有细齿；上部叶少数，线形。头状花序，花前下垂，花后直立，常2~5排成疏伞房状，花序梗无苞片；总苞圆柱形，基部无小苞片，总苞片8~9，长圆状线形或线形，黄绿色；小花粉红色或紫色。瘦果圆柱形，肋间被微毛；冠毛多，细软。生于山坡荒地、田埂、路旁，海拔800~2100m。全草药用，消炎，止痢。

加拿大一枝黄花

学名：*Solidago canadensis* L.
俗名：麒麟草、幸福草、黄莺、金棒草

菊科 Asteraceae 一枝黄花属 *Solidago*

多年生草本。有长根状茎，茎直立，高达2.5m。叶披针形或线状披针形，长5~12cm。头状花序很小，长4~6mm，在花序分枝上单面着生，多数弯曲的花序分枝与单面着生的头状花序，形成开展的圆锥状花序；总苞片线状披针形，长3~4mm；边缘舌状花很短。我国公园及植物园引种栽培。

一枝黄花

学名：*Solidago decurrens* Lour.
俗名：千斤癀、兴安一枝黄花

菊科 Asteraceae 一枝黄花属 *Solidago*

多年生草本。茎单生或丛生。中部茎生叶椭圆形、长椭圆形、卵形或宽披针形，长2~5cm，下部楔形渐窄，叶柄具翅，仅中部以上边缘具齿或全缘；向上叶渐小；下部叶与中部叶同形，叶柄具长翅；叶两面有柔毛或下面无毛。头状花序径6~9mm，长6~8mm，多数在茎上部排成长6~25cm总状花序或伞房圆锥花序，稀成复头状花序；舌状花舌片椭圆形，长6mm。瘦果长3mm，无毛，稀顶端疏被柔毛。生于阔叶林缘、林下、灌丛中及山坡草地上，海拔565~2850m。全草入药，性味辛、苦，微温；家畜误食易中毒。

银胶菊

学名：*Parthenium hysterophorus* L.

菊科 Asteraceae 银胶菊属 *Parthenium*

一年生草本。茎多分枝，被柔毛。茎下部和中部叶二回羽状深裂，卵形或椭圆形，羽片3~4对，卵形，小羽片卵状或长圆状，常具齿；上部叶无柄，羽裂，裂片线状长圆形，有时指状3裂。头状花序多数，径3~4mm，在茎枝顶端排成伞房状；总苞宽钟形或近半球形，径约5mm，总苞片2层，每层5，外层卵形，内层较薄，近圆形；舌状花1层，5个，白色，舌片卵形或卵圆形，先端2裂；管状花多数，檐部4浅裂，具乳突；雄蕊4。雌花瘦果倒卵形。生于旷地、路旁、河边及坡地上，海拔90~1500m。

小鱼眼草

学名：*Dichrocephala benthamii* C. B. Clarke
俗名：鱼眼菊

菊科 Asteraceae 鱼眼草属 *Dichrocephala*

一年生草本。茎单生或簇生，茎枝被白色柔毛。叶倒卵形、长倒卵形、匙形或长圆形，中部茎生叶长3~6cm，羽裂，稀大头羽裂，侧裂片1~3对，耳状抱茎，无柄，中部向上及向下叶渐小，匙形或宽匙形，具深圆锯齿；叶长2~2.5cm，两面被白毛或无毛。头状花序扁球形，径约5mm，在茎枝顶端排成伞房花序或圆锥状伞房花序；总苞片1~2层，长圆形，边缘锯齿状微裂；雌花多层，花冠卵形或坛形，白色。瘦果倒披针形。生于山坡与山谷草地、河岸、溪旁、路旁或田边荒地，海拔1350~3200m。

羽芒菊

学名：*Tridax procumbens* L.

菊科 Asteraceae 羽芒菊属 *Tridax*

多年生铺地草本。茎长达1m，被倒向糙毛或脱毛。中部叶披针形或卵状披针形，长4~8cm，边缘有粗齿和细齿，基部渐窄或近楔形；上部叶卵状披针形或窄披针形，长2~3cm，有粗齿或基部近浅裂，具短柄。头状花序少数，径1~1.4cm，单生茎枝顶端，被白色疏毛；总苞钟形，2~3层，外层绿色，卵形或卵状长圆形；雌花1层，舌状，舌片长圆形；两性花多数，花冠管状，被柔毛。瘦果陀螺形或倒圆锥形。生于低海拔旷野、荒地、坡地以及路旁阳处。

白头婆

学名：*Eupatorium japonicum* Thunb.
俗名：泽兰、三裂叶白头婆

菊科 Asteraceae 泽兰属 *Eupatorium*

多年生草本。茎枝被白色皱波状柔毛，花序分枝毛较密。叶对生，质稍厚，中部茎生叶椭圆形、长椭圆形、卵状长椭圆形或披针形，长6~20cm，基部楔形，羽状脉，侧脉约7对，自中部向上及向下部的叶渐小，两面粗涩，疏被柔毛及黄色腺点，边缘有细尖锯齿；叶柄长1~2cm。总苞钟状，花白色或带红紫色或粉红色。瘦果熟时淡黑褐色，椭圆形，被多数黄色腺点，冠毛白色。生于山坡草地、密疏林下、灌丛中、水湿地及河岸水旁。全草药用，性凉，消热消炎。

多须公

学名：*Eupatorium chinense* L.
俗名：广东土牛膝、华泽兰、白须公、六月霜

菊科 Asteraceae 泽兰属 *Eupatorium*

多年生草本。多分枝，茎枝被污白色柔毛，茎枝下部花期脱毛、疏毛。叶对生，中部茎生叶卵形或宽卵形；叶柄长2~4mm。头状花序在茎顶及枝端排成大型疏散复伞房花序，花序径达30cm；总苞钟状，长约5mm，总苞片3层；外层苞片卵形或披针状卵形，外被柔毛及稀疏腺点；中层及内层苞片椭圆形，上部及边缘白色，膜质，背面无毛，有黄色腺点；花白色、粉色或红色。瘦果熟时淡黑褐色，椭圆状，疏被黄色腺点。生于山谷、山坡林缘、林下、灌丛或山坡草地上，海拔800~1900m。全草有毒，消肿止痛。

林泽兰

学名：*Eupatorium lindleyanum* DC.
俗名：尖佩兰

菊科 Asteraceae 泽兰属 *Eupatorium*

多年生草本。茎枝密被白色柔毛，下部及中部红色或淡紫红色。中部茎生叶长椭圆状披针形或线状披针形，不裂或3全裂，基部楔形，两面粗糙，边缘有犬齿。花序分枝及花梗密被白色柔毛；总苞钟状，总苞片约3层；外层苞片长1~2mm，披针形或宽披针形，中层及内层苞片长5~6mm，长椭圆形或长椭圆状披针形，苞片绿色或紫红色，先端尖；花白色、粉红色或淡紫红色，花冠外面散生黄色腺点。瘦果黑褐色，椭圆状，冠毛白色。生于山谷阴处水湿地、林下湿地或草原上，海拔200~2600m。枝叶入药，有发表祛湿、和中化湿之效。

圆舌黏冠草

学名：*Myriactis nepalensis* Less.
俗名：圆舌粘冠草

菊科 Asteraceae 黏冠草属 *Myriactis*

一年生草本。茎中部或基部分枝。中部茎生叶长椭圆形或卵状长椭圆形，有锯齿，基部渐窄下延成具翅叶柄；基生叶及茎下部叶较大，间或浅裂或深裂，侧裂片1~2对；上部茎叶渐小，长椭圆形或长披针形，渐无柄；叶上面均无毛，下面沿脉有极稀疏柔毛。头状花序球形或半球形，单生茎顶或枝端，排成疏散伞房状或伞房状圆锥花序；总苞片2~3层，外面被微柔毛；边缘舌状雌花多层，舌片圆形；两性花管状，管部有微柔毛。瘦果扁，边缘脉状加厚。生于山坡山谷林缘、林下、灌丛中，或近水潮湿地或荒地上，海拔1250~3400m。药用，根解表透疹。

紫茎泽兰

学名：*Ageratina adenophora*（Sprengel）R. M. King & H. Robinson
俗名：破坏草

菊科 Asteraceae 紫茎泽兰属 *Ageratina*

多年生草本，高30~90cm。头状花序多数在茎枝顶端排成伞房花序或复伞房花序，花序径2~4cm或可达12cm；总苞宽钟状，长3mm，宽4mm，含40~50个小花；总苞片1层或2层，线形或线状披针形，长3mm，顶端渐尖；冠毛白色，纤细，与花冠等长。瘦果黑褐色，长1.5mm，长椭圆形，5棱，无毛无腺点。生于潮湿地或山坡路旁，有时可依树而上，高可达2~3m，或在空旷荒野可独自形成成片群落。植株有毒，牛马误食能引起中毒，垫圈引起牛马烂蹄。

白舌紫菀

学名：*Aster baccharoides*（Benth.）Steetz.

菊科 Asteraceae 紫菀属 *Aster*

木质草本或亚灌木。幼枝被卷曲密毛。下部叶匙状长圆形，上部有疏齿；中部叶长圆形或长圆状披针形，基部渐窄或骤窄，有短柄，全缘或上部有小尖头状疏锯齿；上部叶近全缘。头状花序在枝端排成圆锥伞房状；苞叶极小，在梗端密集；总苞倒锥状4~7层，覆瓦状排列，外层卵圆形，内层长圆披针形；舌状花管部长3mm，舌片白色，长5mm；管状花长6mm，管部长3mm，有微毛。瘦果窄长圆形，稍扁，有时两面有肋，被密毛。生于山坡路旁、草地和沙地，海拔50~900m。

马兰

学名：*Aster indicus* L.

俗名：蓑衣莲、鱼鳅串、路边菊、田边菊、鸡儿肠、马兰头、狭叶马兰

菊科 Asteraceae 紫菀属 *Aster*

茎直立，高30~70cm，上部有短毛。基部叶在花期枯萎；茎部叶倒披针形或倒卵状矩圆形，顶端钝或尖，基部渐狭成具翅的长柄；上部叶小，全缘，基部急狭无柄，全部叶稍薄质。头状花序单生于枝端并排列成疏伞房状；总苞半球形；总苞片2~3层，覆瓦状排列；外层倒披针形，长2mm，内层倒披针状矩圆形；花托圆锥形；舌状花1层，15~20个；舌片浅紫色；管状花被短密毛。瘦果倒卵状矩圆形，极扁，褐色。全草药用，幼叶通常作蔬菜食用。

小舌紫菀

学名：*Aster albescens*（DC.）Hand.-Mazz.

菊科 Asteraceae 紫菀属 *Aster*

灌木，多分枝。老枝褐色，有密或疏生的叶。叶近纸质，卵圆形至披针形，基部楔形或近圆形，顶端尖，上部叶小。头状花序多数在茎和枝端排列成复伞房状；舌状花舌片白色至紫红色，管状花黄色；花序梗长5~10mm，有钻形苞叶；总苞倒锥状，长约5mm，上部径4~7mm；总苞片3~4层，覆瓦状排列，被疏柔毛或茸毛或近无毛。瘦果长圆形，长1.7~2.5mm，宽0.5mm，有4~6肋，被白色短绢毛。生于低山至高山林下及灌丛中，海拔500~4100m。

紫菀

学名：*Aster tataricus* L. f.
俗名：还魂草、青菀、驴耳朵菜、驴夹板菜、山白菜、青牛舌头花

菊科 Asteraceae 紫菀属 *Aster*

多年生草本。茎疏被粗毛。叶疏生，基生叶长圆形或椭圆状匙形，边缘有具小尖头圆齿或浅齿；茎下部叶匙状长圆形，基部渐窄或骤窄成具宽翅的柄；中部叶长圆形或长圆状披针形，无柄，全缘或有浅齿；上部叶窄小。头状花序径2.5~4.5cm，多数在茎枝顶端排成复伞房状，花序梗长，有线形苞叶；总苞半球形3层，覆瓦状排列，带红紫色；舌状花约20，舌片蓝紫色。瘦果倒卵状长圆形，紫褐色。生于低山阴坡湿地、山顶和低山草地及沼泽地，海拔400~2000m。供观赏用；根药用主治慢性气管炎，止咳，化痰。

钻叶紫菀

学名：*Aster subulatus* Michx.

菊科 Asteraceae 紫菀属 *Aster*

茎高25~100cm，无毛。主根圆柱状，向下渐狭。茎单一，直立，茎和分枝具粗棱，光滑无毛。基生叶在花期凋落；茎中部叶线状披针形，主脉明显，侧脉不显著，无柄；上部叶渐狭窄，全缘，无柄，无毛。头状花序，多数在茎顶端排成圆锥状，总苞钟状，总苞片3~4层，外层较短，内层较长，线状钻形，边缘膜质，无毛；舌状花细狭，淡红色，长与冠毛相等或稍长；管状花多数，花冠短于冠毛。瘦果长圆形或椭圆形。生长在海拔1100~1900m的山坡灌丛中、草坡、沟边、路旁或荒地。

爵床

学名：*Justicia procumbens* L.
俗名：白花爵床、孩儿草、密毛爵床

爵床科 Acanthaceae 爵床属 *Justicia*

草本，高达50cm。茎基部匍匐，常有短硬毛。叶椭圆形或椭圆状长圆形，先端锐尖或钝，基部宽楔形或近圆。穗状花序顶生或生上部叶腋，花萼裂片4，花冠粉红色，二唇形，下唇3浅裂；药室不等高，下方1室有距。蒴果上部具4粒种子，下部实心似柄状；种子有瘤状皱纹。生于海拔2200~2400m山坡林间草丛中。为常见野草，全草入药。

白栎

学名：*Quercus fabri* Hance

壳斗科 Fagaceae 栎属 *Quercus*

落叶乔木，高达20m，或灌木状。小枝密被茸毛。叶倒卵形或倒卵状椭圆形，长7~15cm，先端短钝尖，基部窄楔形或窄圆，锯齿波状或粗钝，幼叶两面被毛，老叶上面近无毛，下面被灰黄色星状毛，侧脉8~12对；叶柄长3~5mm，密被茸毛。雄花序较长，花序轴被茸毛，雌花序生2~4朵花。壳斗杯形，包裹约1/3坚果；坚果长椭圆形或卵状长椭圆形，果脐突起。生于海拔50~1900m的丘陵、山地杂木林中。可供用材；叶蛋白质高；栎实营养价值高，含单宁。

茅栗

学名：*Castanea seguinii* Dode

壳斗科 Fagaceae 栗属 *Castanea*

乔木或成灌木状，高达15m。小枝暗褐色。叶长椭圆形或倒卵状椭圆形，长6.5~14cm，宽4~5cm，先端短尖或渐尖，基部宽楔形或圆，疏生粗锯齿，上面无毛，下面被灰黄色腺鳞，幼叶下面疏被单毛，侧脉9~18对，直达齿尖；叶柄长5~9mm。雄花序长5.5~11cm，雄花簇有花3~5朵；2~3总苞散生雄花序基部，或单生，每总苞具3~5雌花。壳斗径3~4cm，密被尖刺，每壳斗具（1~）3（~5）果；果长1.5~2cm，径1.3~2.5cm，无毛或顶部疏生伏毛。生于海拔400~2000m丘陵山地。果较小，味较甜。

大叶火烧兰

学名：*Epipactis mairei* Schltr.

兰科 Orchidaceae 火烧兰属 *Epipactis*

地生草本，高30~70cm。根状茎粗短。叶5~8枚，互生，中部叶较大；叶片卵圆形、卵形至椭圆形，先端短渐尖至渐尖，基部延伸成鞘状，抱茎。总状花序长10~20cm，具10~20朵花，有时花更多；花苞片椭圆状披针形，下部的等于或稍长于花；子房和花梗被黄褐色或绣色柔毛；花黄绿色带紫色、紫褐色或黄褐色，下垂；花瓣长椭圆形或椭圆形；唇瓣中部稍缢缩而成上下唇；蕊柱连花药长7~8mm；花药长3~4mm。蒴果椭圆状。生于海拔1200~3200m的山坡灌丛中、草丛中、河滩阶地或冲积扇等地。

扇唇舌喙兰

学名：*Hemipilia flabellata* Bur. & Franch.

兰科 Orchidaceae 舌喙兰属 *Hemipilia*

植株高达28cm。块茎窄椭圆状；茎基部具1叶和1~4枚鞘状叶。叶心形或宽卵形，上面绿色具紫色斑点，下面紫色，抱茎。花序具3~15花；苞片披针形；花梗和子房长1.5~1.8cm；花紫红色或近白色；中萼片长圆形或窄卵形，侧萼片斜卵形或镰状长圆形，较中萼片稍长；花瓣宽卵形，先端近尖，唇瓣扇形、圆形或扁圆形，具不整齐细齿，先端平截或圆，有时微缺。蒴果圆柱形，长3~4cm。生于海拔2000~3200m的林下、林缘或石灰岩石缝中。

绶草

学名：*Spiranthes sinensis*（Pers.）Ames
俗名：盘龙参、红龙盘柱、一线香、义富绶草

兰科 Orchidaceae 绶草属 *Spiranthes*

植株高达30cm。茎近基部生2~5叶。叶宽线形或宽线状披针形，稀窄长圆形，直伸，基部具柄状鞘抱茎。花茎高达25cm；花序密生多花，长4~10cm，螺旋状扭转；苞片卵状披针形；子房纺锤形，扭转，被腺状柔毛或无毛；花紫红色、粉红色或白色，在花序轴螺旋状排生；花瓣斜菱状长圆形，与中萼片等长，较薄；唇瓣宽长圆形，凹入，长4mm，前半部上面具长硬毛，边缘具皱波状啮齿，唇瓣基部浅囊状。生于海拔200~3400m的山坡林下、灌丛下、草地或河滩沼泽草甸中。全草民间作药用。

土荆芥

学名：*Dysphania ambrosioides*（Linnaeus）Mosyakin & Clemants
俗名：杀虫芥、臭草、鹅脚草

藜科 Chenopodiaceae 刺藜属 *Dysphania*

一年生或多年生草本，被椭圆形腺体，有香味。茎高达80cm，多分枝。枝常细瘦，被柔毛及具节长柔毛。叶长圆状披针形或披针形，长达15cm，宽达5cm，先端尖或渐尖，具小整齐大锯齿，基部渐窄，具短柄。花被常5裂，淡绿色，果时常闭合；雄蕊5，花药长0.5mm；花柱不明显，柱头3~4，丝形；花两性及雌性，常3~5个团集，生于上部叶腋，组成穗状或圆锥状花序。胞果扁球形；种子横生或斜生，黑色或暗红色，平滑，有光泽，周边钝，径约0.7mm。生于村旁、路边、河岸等处。全草入药，治蛔虫病、钩虫病、蛲虫病，外用治皮肤湿疹。

藜

学名：*Chenopodium album* L.
俗名：灰条菜、灰藋

藜科 Chenopodiaceae 藜属 *Chenopodium*

一年生草本，高30~150cm。茎直立，具条棱及色条，多分枝。叶菱状卵形或宽披针形，先端尖或微钝，基部楔形或宽楔形，具不整齐锯齿；叶柄与叶近等长，或为叶长1/2。花两性；常数个团集，于枝上部组成穗状圆锥状或圆锥状花序；花被扁球形或球形，5深裂，裂片宽卵形或椭圆形，背面具纵脊，先端钝或微凹，边缘膜质；雄蕊5，外伸；柱头2；胞果果皮与种子贴生；种子横生，双凸镜形，黑色，有光泽，具浅沟状纹饰；胚环形。生于路旁、荒地及田间。为很难除掉的杂草；幼苗可作蔬菜用，茎叶可喂家畜；全草又可入药。

萹蓄

学名：*Polygonum aviculare* L.
俗名：竹叶草、大蚂蚁草、扁竹

蓼科 Polygonaceae 萹蓄属 *Polygonum*

一年生草本，高达40cm。基部多分枝。叶椭圆形、窄椭圆形或披针形，长1~4cm，宽0.3~1.2cm，先端圆或尖，基部楔形，全缘，无毛；叶柄短，基部具关节，托叶鞘膜质，下部褐色，上部白色，撕裂。花单生或数朵簇生叶腋，遍布植株；苞片薄膜质；花梗细，顶部具关节；花被5深裂，花被片椭圆形，长2~2.5mm，绿色，边缘白色或淡红色；雄蕊8，花丝基部宽，花柱3。瘦果卵形，具3棱，黑褐色。生于田边路、沟边湿地，海拔10~4200m。全草供药用，有通经利尿、清热解毒之功效。

何首乌

学名：*Pleuropterus multiflorus*（Thunb.）Nakai
俗名：夜交藤、紫乌藤、多花蓼、桃柳藤、九真藤

蓼科 Polygonaceae 何首乌属 *Pleuropterus*

多年生缠绕藤本植物。叶卵形或长卵形，基部心形或近心形，两面粗糙，边缘全缘。花序圆锥状，苞片三角状卵形，花梗细弱，花被片椭圆形，花丝下部较宽；花柱极短。果实卵形，黑褐色，有光泽，包于花被内；多于山谷灌丛、山坡林下、沟边石隙，海拔200~3000m处生长。入药，味苦、甘，性平，有解毒、消痈、截疟、润肠通便之功效。

叉分蓼

学名：*Persicaria divaricata*（L.）T. M. Schust. & Reveal
俗名：分叉蓼、叉分神血宁

蓼科 Polygonaceae 蓼属 *Persicaria*

多年生草本。茎直立，高70~120cm，自基部分枝，分枝呈叉状。叶披针形或长圆形，顶端急尖，基部楔形或狭楔形，边缘通常具短缘毛，两面无毛或被疏柔毛；叶柄长约0.5cm；托叶鞘膜质，偏斜，长1~2cm。花序圆锥状，分枝开展；苞片卵形，边缘膜质，背部具脉，每苞片内具2~3花；花被5深裂，白色，花被片椭圆形，长2.5~3mm；雄蕊7~8，比花被短；花柱3，极短，柱头头状。瘦果宽椭圆形，具3锐棱，黄褐色，有光泽。生于山坡草地、山谷灌丛，海拔260~2100m。

长箭叶蓼

学名：*Persicaria hastatosagittata*（Makino）Nakai ex T. Mori

蓼科 Polygonaceae 蓼属 *Persicaria*

一年生草本。茎直立或下部近平卧，高40~90cm，分枝，具纵棱。叶披针形或椭圆形，长3~7（10）cm，宽1~2（3）cm，顶端急尖或近渐尖，基部箭形或近戟形，边缘具短缘毛；叶柄长1~2.5cm，具倒生皮刺；托叶鞘筒状，膜质，长1.5~2cm。总状花序呈短穗状，长1~1.5cm，顶生或腋生；苞片宽椭圆形或卵形，每苞内通常具2花；花梗长4~6mm；花被5深裂，淡红色，花被片宽椭圆形；雄蕊7~8，花柱3，中下部合生；柱头头状。瘦果卵形。生于水边、沟边湿地，海拔50~3200m。

火炭母

学名：*Persicaria chinensis*（L.）H. Gross

蓼科 Polygonaceae 蓼属 *Persicaria*

多年生草本，高达1m。茎直立，无毛，多分枝。叶卵形或长卵形，先端渐尖，基部平截或宽心形，无毛，下面有时沿叶脉疏被柔毛；下部叶叶柄长1~2cm，基部常具叶耳，上部叶近无柄或抱茎，托叶鞘膜质。头状花序常数个组成圆锥状，花序梗被腺毛；苞片宽卵形；花被5深裂，白色或淡红色，花被片卵形，果时增大；雄蕊8；花柱3，中下部连合。瘦果宽卵形，具3棱，长3~4mm，包于肉质蓝黑色宿存花被内。

杠板归

学名：*Persicaria perfoliata*（L.）H. Gross
俗名：贯叶蓼、刺犁头、蛇倒退、梨头刺、蛇不过、老虎舌、杠板归

蓼科 Polygonaceae 蓼属 *Persicaria*

一年生攀缘草本，长达2m。茎具纵棱，沿棱疏生倒刺。叶三角形，先端钝或微尖，基部近平截，下面沿叶脉疏生皮刺，托叶鞘叶状。花序短穗状，顶生或腋生，花被5深裂，白绿色，花被片椭圆形，果时增大，深蓝色；雄蕊8，花柱3，中上部连合。瘦果球形，黑色。生于田边、路旁、山谷湿地，海拔80~2300m。药用，有清热解毒、利水消肿、止咳之功效。

尼泊尔蓼

学名：*Persicaria nepalensis*（Meisn.）H. Gross

蓼科 Polygonaceae 蓼属 *Persicaria*

一年生草本，高达40cm。茎外倾或斜上，基部分枝。茎下部叶卵形或三角状卵形，长3~5cm，先端尖，基部宽楔形，沿叶柄下延成翅，两面无毛或疏被刺毛，疏生黄色透明腺点，茎上部叶较小；叶柄长1~3cm，上部叶近无柄或抱茎，托叶鞘筒状，长0.5~1cm。花序头状，基部常具1叶状总苞片，花被4裂，淡红或白色，长圆形；雄蕊5~6，花药暗紫色，花柱2，中上部连合。瘦果宽卵形，扁平，双凸，黑色。生于山坡草地、山谷路旁，海拔200~4000m。

水蓼

学名：*Persicaria hydropiper*（L.）Spach
俗名：辣柳菜、辣蓼

蓼科 Polygonaceae 蓼属 *Persicaria*

一年生草本，高达70cm。茎直立，多分枝，无毛。叶披针形或椭圆状披针形，先端渐尖，基部楔形，具辛辣叶，叶腋具闭花受精花，托叶鞘具缘毛。穗状花序下垂，花稀疏，花被（4）5深裂，绿色，上部白色或淡红色，椭圆形；雄蕊较花被短，花柱2~3。瘦果卵形，扁平。生于河滩、水沟边、山谷湿地，海拔50~3500m。全草入药，古时作调味剂。

酸模叶蓼

学名：*Persicaria lapathifolia*（L.）S. F. Gray
俗名：大马蓼

蓼科 Polygonaceae 蓼属 *Persicaria*

一年生草本，高达90cm。茎直立，分枝，节部膨大。叶披针形或宽披针形，先端渐尖或尖，基部楔形，上面常具黑褐色新月形斑点，托叶鞘顶端平截。数个穗状花序组成圆锥状，花序梗被腺体，花被4（5）深裂，淡红色或白色，花被片椭圆形，顶端分叉，外弯；雄蕊6，花柱2。瘦果宽卵形，扁平，双凹，长2~3mm，黑褐色，包于宿存花被内。生于田边、路旁、水边、荒地或沟边湿地，海拔30~3900m。

头花蓼

学名：*Persicaria capitata*（Buch.-Ham. ex D. Don）H. Gross
俗名：草石椒

蓼科 Polygonaceae 蓼属 *Persicaria*

多年生草本。茎匍匐，丛生，多分枝，疏被腺毛或近无毛。1年生枝近直立，疏被腺毛。叶卵形或椭圆形，先端尖，基部楔形，全缘，上面有时具黑褐色新月形斑点，叶柄基部有时具叶耳，托叶鞘具缘毛。头状花序单生或成对，顶生，花被5深裂，淡红色，椭圆形；雄蕊8，花柱3，中下部连合。瘦果长卵形，具3棱，黑褐色。生于山坡、山谷湿地，常成片生长，海拔600~3500m。全草入药。

苦荞麦

学名：*Fagopyrum tataricum*（L.）Gaertn.

蓼科 Polygonaceae 荞麦属 *Fagopyrum*

一年生草本，高达70cm。茎直立，分枝，一侧具乳头状突起。叶宽三角形，长2~7cm，先端尖，基部心形或戟形，两面沿叶脉具乳头状突起，下部叶具长柄，上部叶具短柄，托叶鞘膜质，黄褐色，偏斜。花序总状，花稀疏；苞片卵形，长2~3mm；花梗中部具关节；花被片椭圆形，白色或淡红色，长约2mm；雄蕊较花被短；花柱较短。瘦果长卵形，长5~6mm，具3棱。生于田边、路旁、山坡、河谷，海拔500~3900m。种子供食用或作饲料；根供药用，理气止痛，健脾利湿。

硬枝野荞麦

学名：*Fagopyrum urophyllum*（Bur. & Franch.）H. Gross
俗名：硬枝万年荞

蓼科 Polygonaceae 荞麦属 *Fagopyrum*

亚灌木，高达90cm。茎近直立，多分枝。小枝绿色，具纵棱。叶箭形或卵状三角形，长2~8cm，先端长渐尖或尾尖，基部宽箭形，两侧裂片先端圆钝或尖，两面沿叶脉被柔毛；叶柄长2~5cm，被柔毛，托叶鞘长4~6mm。圆锥状花序顶生，长15~20cm；苞片窄漏斗状，长2~2.5mm；花梗细，长3~3.5mm，近顶部具关节；花被片椭圆形，白色，长2~3mm。瘦果宽卵形，具3锐棱，长3~4mm，黑褐色。生于土坡林缘、山谷灌丛，海拔900~2800m。

草血竭

学名：*Bistorta paleacea*（Wall. ex Hook. f.）Yonekura & H. Ohashi

蓼科 Polygonaceae 拳参属 *Bistorta*

多年生草本，高达60cm。根茎黑褐色。茎不分枝。基生叶窄长圆形或披针形，先端尖，基部楔形，稀近圆，边缘脉端增厚，微外卷，两面无毛，茎生叶披针形，叶柄短，最上部叶线形；托叶鞘下部绿色，上部褐色，偏斜，无缘毛。穗状花序长4~6cm，径0.8~1.2cm，苞片卵状披针形，膜质，花梗细，较苞片长；花被5深裂，淡红色或白色，花被片椭圆形；雄蕊8；花柱3。瘦果卵形，具3锐棱，长约2.5mm，包于宿存花被内。生于海拔1500~3500m山坡草地或林缘。入药，具活血散血、止痛消肿、生肌之效。

拳参

学名：*Bistorta officinalis* Raf.
俗名：拳蓼

蓼科 Polygonaceae 拳参属 *Bistorta*

多年生草本，高达90cm。根茎径1~3cm，弯曲，黑褐色。茎不分枝，常2~3条自根茎生出。基生叶宽披针形或窄卵形，纸质，长4~18cm，先端渐尖或尖，基部平截或近心形，沿叶柄下沿成翅，两面无毛或下面被柔毛，边缘外卷，叶柄长10~20cm；茎生叶披针形或线形，无柄，托叶鞘下部绿色，上部褐色，偏斜，无缘毛；两端尖，长约3.5mm，稍长于宿存花被。瘦果椭圆形，具3棱。生于山坡草地、山顶草甸，海拔800~3000m。根状茎入药，清热解毒，散结消肿。

戟叶酸模

学名：*Rumex hastatus* D. Don

蓼科 Polygonaceae 酸模属 *Rumex*

灌木，高达90cm。老枝暗紫褐色，具沟槽；小枝草质，绿色，无毛。叶互生或簇生，戟形，近革质，长1.5~3cm，宽1.5~3mm；叶柄与叶片近等长或较叶长，托叶鞘膜质，易开裂。花杂性；圆锥状花序顶生，分枝稀疏；花梗细，中下部具关节；花被片6，2轮，雄花具6雄蕊；雌花外花被片椭圆形，果时反折；内花被片果时增大，圆形或肾状圆形，膜质，半透明，淡红色。瘦果卵形，具3棱，长约2mm，有光泽。生于沙质荒坡、山坡阳处，海拔600~3200m。

酸模

学名：Rumex acetosa L.

蓼科 Polygonaceae 酸模属 *Rumex*

多年生草本，高达80cm。根为须根。基生叶及茎下部叶箭形，长3~12cm，先端尖或圆钝，基部裂片尖，全缘或微波状，叶柄长5~12cm；茎上部叶较小，具短柄或近无柄。花单性，雌雄异株；窄圆锥状花序顶生，花梗中部具关节；雄花外花被片椭圆形，内花被片宽椭圆形，长2.5~3mm；雌花外花被片椭圆形，果时反折，内花被片果时增大，近圆形，径达4mm，基部心形，网脉明显，基部具小瘤。瘦果椭圆形，具3锐棱，长约2mm。生于山坡、林缘、沟边、路旁，海拔400~4100m。全草供药用，有凉血、解毒之效；嫩茎、叶可作蔬菜及饲料。

柳叶菜

学名：*Epilobium hirsutum* L.
俗名：鸡脚参、水朝阳花

柳叶菜科 Onagraceae 柳叶菜属 *Epilobium*

多年生草本。茎多分枝。叶草质，对生，茎上部的互生，多少抱茎，披针状椭圆形、窄倒卵形或椭圆形，稀窄披针形，长4~12（20）cm，先端锐尖至渐尖，基部近楔形，具细锯齿，两面被长柔毛，有时下面混生短腺毛，稀下面密被绵毛或近无毛，侧脉7~9对；无柄。总状花序直立，萼片长圆状线形，背面隆起成龙骨状，花瓣玫瑰红色、粉红色或紫红色，宽倒心形，先端凹缺；子房灰绿色或紫色，柱头伸出稍高过雄蕊，4深裂。蒴果，种子倒卵圆形，顶端具短喙。广布于我国温带与热带地区。嫩叶可食，根或全草入药。

南方露珠草

学名：*Circaea mollis* Sieb. & Zucc.
俗名：细毛谷蓼

柳叶菜科 Onagraceae 露珠草属 *Circaea*

植株高达1.5m，常被稠密曲柔毛。根状茎不具块茎。叶窄披针形、宽披针形或窄卵形，长3~16cm，宽2~5.5cm，基部楔形，稀圆，先端渐尖，近全缘或具锯齿。顶生总状花序常基部分枝，侧生花序常不分枝，花梗与花序轴垂直；花瓣白色，宽倒卵形，先端下凹；雄蕊通常直伸，短于或稀等长于花柱；蜜腺突出花筒。果窄梨形、宽梨形或球形。生于落叶阔叶林中，海拔可至2400m。

粉花月见草

学名：*Oenothera rosea* L' Her. ex Ait.

柳叶菜科 Onagraceae 月见草属 *Oenothera*

多年生草本。茎常丛生，上升，长达50cm，多分枝，被曲柔毛。基生叶紧贴地面，倒披针形，长1.5~4cm；茎生叶披针形或长圆状卵形，长3~6cm。花单生茎、枝顶部叶腋，近早晨日出开放；萼片披针形，长6~9mm；花瓣粉红色或紫红色，宽倒卵形，长6~9mm，先端钝圆，具4~5对羽状脉；花粉约50%发育；花柱白色，长0.8~1.2cm，伸出花筒部分长4~5mm，柱头围以花药，裂片长约2mm。蒴果棒状；种子长圆状倒卵形。生于荒地草地、沟边半阴处，繁殖力强，成为难于清除的有害杂草，海拔1000~2000m。根入药，有消炎、降血压之功效。

卵萼花锚

学名：*Halenia elliptica* D. Don
俗名：卵萼花锚、椭圆叶花锚

龙胆科 Gentianaceae 花锚属 *Halenia*

一年生草本，高达60cm。茎直立、上部分枝。基生叶椭圆形，先端圆或钝尖，茎生叶卵形至卵状披针形，先端钝圆或尖。聚伞花序顶生及腋生，花萼裂片椭圆形或卵形，先端渐尖，花冠蓝色或紫色，冠筒裂片卵圆形，距约为冠筒长度3倍，向外水平开展；子房卵圆形。蒴果宽卵圆形，长约1cm；种子椭圆形或近圆形，长约2mm。生于高山林下及林缘、山坡草地、灌丛中、山谷水沟边，海拔700~4100m。全草入药，清热利湿、可治急性黄疸型肝炎等症。

滇龙胆草

学名：*Gentiana rigescens* Franch. ex Hemsl.
俗名：贵州龙胆

龙胆科 Gentianaceae 龙胆属 *Gentiana*

多年生草本，高30~50cm。须根肉质。主茎粗壮，发达，有分枝；花枝多数，丛生，直立，坚硬，基部木质化，上部草质，紫色或黄绿色，中空，近圆形。茎生叶，下部2~4对鳞形，叶卵状长圆形、倒卵形或卵形，长1.2~4.5cm。花多数，簇生枝端呈头状，稀腋生或簇生小枝顶端；花冠蓝紫色或蓝色，冠檐具多数深蓝色斑点，漏斗形或钟形，长2.5~3cm，裂片宽三角形，长5~5.5mm，先端具尾尖，全缘或下部边缘有细齿，褶偏斜。蒴果内藏，椭圆形或椭圆状披针形；种子黄褐色，有光泽，矩圆形。生于山坡草地、灌丛中、林下及山谷中，海拔1100~3000m。

红花龙胆

学名：*Gentiana rhodantha* Franch. ex Hemsl.

龙胆科 Gentianaceae 龙胆属 *Gentiana*

多年生草本，高达50cm。茎单生或丛生，上部多分枝。基生叶莲座状，椭圆形、倒卵形或卵形，长2~4cm；茎生叶宽卵形或卵状三角形，长1~3cm。花单生茎顶；无花梗；花萼膜质，有时微带紫色；花冠淡红色，上部有紫色纵纹，筒状，上部稍开展，裂片卵形或卵状三角形，先端具细长流苏；雄蕊着生于冠筒下部，花丝丝状，花药椭圆形；子房椭圆形。蒴果长椭圆形，长2~2.5cm；种子具网纹及翅。生于高山灌丛、草地及林下，海拔570~1750m。全草入药，能清热、消炎、止咳；可治肝炎、支气管炎、小便不利等症。

獐牙菜

学名：*Swertia bimaculata*（Sieb. & Zucc.）Hook. f. & Thoms. ex C. B. Clark
俗名：双斑西伯菜、双斑享乐菜

龙胆科 Gentianaceae 獐牙菜属 *Swertia*

一年生草本，高达1.4（~2）m。茎直伸，中部以上分枝。基生叶花期枯萎；茎生叶椭圆形或卵状披针形，长3.5~9cm，宽1~4cm，先端长渐尖，基部楔形。圆锥状复聚伞花序疏散，长达50cm；花梗长0.6~4cm；花5数；花萼绿色，裂片窄倒披针形或窄椭圆形；花冠黄色，上部具紫色小斑点，裂片椭圆形或长圆形，长1~1.5cm，先端渐尖或尖，基部窄缩，中部具2黄绿色、半圆形大腺斑；花丝线形，长5~6.5mm；花柱短。蒴果窄卵圆形，长达2.3cm；种子被瘤状突起。生于河滩、山坡草地、林下、灌丛中、沼泽地，海拔250~3000m。

隔山消

学名：*Cynanchum wilfordii*（Maxim.）Hook. F

萝藦科 Asclepiadaceae 鹅绒藤属 *Cynanchum*

多年生草质缠绕藤本，长达2m。根肉质，近纺锤形。茎被单列毛。叶对生，卵状心形，长5~6cm，先端骤短尖，基部耳状心形，叶干时上面带黑褐色。聚伞花序伞状或短总状，具15~20花，花序梗被单列毛；花梗长5~7mm，被微柔毛；花冠淡黄色，辐状，裂片卵状长圆形，长4.5~5mm，无毛，内面被长柔毛；副花冠较合蕊冠短，5深裂，裂片膜质，圆形或近方形；花柱细长，柱头具脐状突起。蓇葖果披针状圆柱形；种子卵形。生于海拔800~1300m的山坡、山谷或灌木丛中或路边草地。地下块根供药用，用以健胃、消饱胀、治噎食；外用治鱼口疮毒。

青羊参

学名：*Cynanchum otophyllum* Schneid.

萝藦科 Asclepiadaceae 鹅绒藤属 *Cynanchum*

多年生草质缠绕藤本，长达2m。根圆柱状。茎被单列柔毛。叶对生，三角状卵形，长4~11cm，先端渐尖，基部深耳状心形；叶柄长1.5~5cm。聚伞花序伞状或总状，花序梗长2~4cm，被微柔毛或近无毛；花冠白色，辐状，裂片长圆形，长2~3mm，内面被微毛；副花冠较花冠稍短，5深裂，裂片长圆状披针形，内面附属物小或无；合蕊冠具柄；花药顶端附属物直立，卵形；花粉块长圆形；柱头稍凸起。蓇葖果披针状圆柱形；种子卵圆形。生于海拔1500~2800m的山地、溪谷疏林中或山坡路边。枝、叶有毒质，制成粉剂可防治农业害虫。

华萝藦

学名：*Cynanchum hemsleyanum*（Oliv.）Liede & Khanum

萝藦科 Asclepiadaceae 鹅绒藤属 *Cynanchum*

草质藤本，长5m。茎被单列短柔毛，节上毛密。叶膜质，卵状心形，长5~11cm，宽2.5~10cm，顶端急尖，基部心形，叶耳圆形，展开，两面无毛；具长叶柄，长4.5~5cm，顶端具丛生小腺体。聚伞花序总状，腋外生，具6~16花；花序梗长4~6cm，疏被柔毛；花蕾宽卵形，顶端钝圆；花冠径0.9~1.2cm，花冠筒短，裂片宽长圆形，无毛；柱头窄圆锥状，稍伸出；蓇葖果双生，长圆形，外果皮粗糙被微毛；种子宽长圆形。生于山地林谷、路旁或山脚湿润地灌木丛中。

臭牡丹

学名：*Clerodendrum bungei* Steud.
俗名：臭八宝、臭梧桐、矮桐子、大红袍、臭枫根

马鞭草科 Verbenaceae 大青属 *Clerodendrum*

灌木。小枝稍圆，皮孔显著。叶宽卵形或卵形，长8~20cm，先端尖，基部宽楔形、平截或心形，具锯齿，两面疏被柔毛，下面疏被腺点，基部脉腋具盾状腺体。伞房状聚伞花序密集成头状；苞片披针形，长约3cm；花萼长2~6mm，被柔毛及腺体，裂片三角形，长1~3mm；花冠淡红色或紫红色，冠筒长2~3cm，裂片倒卵形，长5~8mm；核果近球形，径0.6~1.2cm，蓝黑色。生于海拔2500m以下的山坡、林缘、沟谷、路旁、灌丛润湿处。根、茎、叶入药，有祛风解毒、消肿止痛之效。

柳叶马鞭草

学名：*Verbena bonariensis* L.

马鞭草科 Verbenaceae 马鞭草属 *Verbena*

多年生草本植物。茎直立，株高约1.5m。叶对生，线形或披针形，先端尖，基部无柄，绿色。由数十小花组成聚伞花序，顶生，小花蓝紫色。用于园路边、滨水岸边、墙垣边群植，景观效果也佳；也可作花境的背景材料；本种常被一些景区冒充薰衣草种植；药用，具有解毒消肿、解痉等功效，主治痛经、阴道感染、创伤肿痛等症状。

马鞭草

学名：*Verbena officinalis* L.

俗名：蜻蜓饭、蜻蜓草、风须草、土马鞭、粘身蓝被、兔子草、蛤蟆棵、透骨草、马鞭稍、马鞭子、铁马鞭

马鞭草科 Verbenaceae 马鞭草属 *Verbena*

多年生草本，高达1.2m。茎四棱，节及棱被硬毛。叶卵形、倒卵形或长圆状披针形，长2~8cm，基生叶常具粗齿及缺刻，茎生叶多3深裂，裂片具不整齐锯齿，两面被硬毛。花萼被硬毛；花冠淡紫色或蓝色，被微毛，裂片5。穗状果序，小坚果长圆形。生于路边、山坡、溪边或林旁。全草供药用，有凉血、散瘀、通经、清热、解毒、止痒、驱虫、消胀之功效。

黄荆

学名：*Vitex negundo* L.

马鞭草科 Verbenaceae 牡荆属 *Vitex*

小乔木或灌木状。小枝密被灰白色茸毛。掌状复叶，小叶（3）5；小叶长圆状披针形或披针形，先端渐尖，基部楔形，全缘或具少数锯齿，下面密被茸毛。聚伞圆锥花序长10~27cm，花序梗密被灰色茸毛；花萼钟状，具5齿；花冠淡紫色，被茸毛，5裂，二唇形；雄蕊伸出花冠。核果近球形。生于溪边、山坡或灌木丛中，海拔1200~2500m。茎皮可造纸及制人造棉，茎叶治久痢，种子为清凉性镇静、镇痛药，根可以驱烧虫，花和枝叶可提取芳香油。

大叶紫珠

学名：*Callicarpa macrophylla* Vahl

俗名：贼子叶、赶风紫、止血草、羊耳朵

马鞭草科 Verbenaceae 紫珠属 *Callicarpa*

小乔木或灌木状。小枝近四方形，密生灰白色粗糠状分枝茸毛，稍有臭味。叶长椭圆形或卵状披针形，长10~23cm，先端短渐尖，基部钝圆，具细齿；叶柄粗，长1~3cm。花序5~7歧分枝，径4~8cm，花序梗长2~3cm；花萼杯状，被星状毛及腺点；花冠紫色；花药卵圆形，药室纵裂，药隔具腺点；子房被毛。果球形，被毛及腺点。生于疏林下和灌丛中，海拔100~2000m。叶或根可作内外伤止血药，广西用叶作绿肥。

土人参

学名：*Talinum paniculatum*（Jacq.）Gaertn.

俗名：波世兰、力参、煮饭花、紫人参、红参、土高丽参、参草、假人参、

马齿苋科 Portulacaceae 土人参属 *Talinum*

一年生或多年生草本，高达1m。茎肉质，基部近木质。叶互生或近对生，倒卵形或倒卵状长椭圆形，先端尖，有时微凹具短尖头，基部窄楔形，全缘，稍肉质。圆锥花序顶生或腋生，常二叉状分枝，萼片卵形，紫红色，早落；花瓣粉红色或淡紫红色，倒卵形或椭圆形；雄蕊15~20，较花瓣短。蒴果近球形，3瓣裂，坚纸质；种子多数，扁球形，黑褐色或黑色，有光泽。我国中部和南部均有栽植，有的逸为野生，生于阴湿地。根为滋补强壮药，补中益气，润肺生津；叶消肿解毒，治疗疮疖肿。

马桑

学名：*Coriaria nepalensis* Wall.

俗名：紫桑、黑虎大王、黑龙须、闹鱼儿、醉鱼儿、乌龙须、马桑柴、野马桑、水马桑、马鞍子、千年红

马桑科 Coriariaceae 马桑属 *Coriaria*

灌木，水平开展；高1.5~2.5m。小枝四棱形或成4窄翅，幼枝疏被微柔毛，后变萼片卵形，边缘半透明，上部具流苏状细齿；无毛，老枝紫褐色。叶对生，纸质或薄革质，椭圆形或宽椭圆形，长2.5~8cm，先端急尖，基部圆，全缘；叶柄短，紫色，基部具垫状突起物。总状花序生于2年生的枝条上，花瓣肉质，龙骨状；雄花序先叶开放，多花密集；雄蕊10，花丝花时伸长。生于海拔400~3200m的灌丛中。果可提酒精；种子榨油可作油漆和油墨；茎叶可提栲胶；有毒，作土农药。

粗根老鹳草

学名：*Geranium dahuricum* DC.
俗名：长白老鹳草

牻牛儿苗科 Geraniaceae 老鹳草属 *Geranium*

多年生草本，高达60cm。具簇生纺锤形块根。茎直立，有时基部具腺毛。叶对生，七角状肾圆形，掌状7深裂近基部，裂片羽状深裂，小裂片披针状条形、全缘，上面被柔毛，下面疏被柔毛。花序长于叶，密被倒向柔毛，花序梗具2花；花梗长约为花2倍，花果期下弯；萼片卵状椭圆形，长5~7mm；花瓣紫红色，倒长卵形，长约为萼片1.5倍；雄蕊稍短于萼片，褐色，子房密被伏毛。生于海拔3500m以下的山地草甸或亚高山草甸。

尼泊尔老鹳草

学名：*Geranium nepalense* Sweet
俗名：五叶草、少花老鹳草

牻牛儿苗科 Geraniaceae 老鹳草属 *Geranium*

多年生草本，高达50cm。根纤维状。茎仰卧，被倒生柔毛。叶对生，五角状肾形，基部心形，掌状5深裂，裂片菱形或菱状卵形，先端钝圆。花序梗纤细，多每梗2花；萼片卵状披针形，花瓣紫红色，倒卵形，等于或稍长于萼片，先端平截或圆，基部楔形；花柱不明显。蒴果果瓣被长柔毛，喙被短柔毛。生于山地阔叶林林缘、灌丛、荒山草坡，亦为山地杂草。全草入药，具强筋骨、祛风湿、收敛和止泻之效。

东亚唐松草

学名：*Thalictrum minus* var. *hypoleucum*（Sieb. & Zucc.）Miq.
俗名：穷汉子腿、佛爷指甲、金鸡脚下黄、烟锅草

毛茛科 Ranunculaceae 唐松草属 *Thalictrum*

植株全部无毛。茎粗壮，高60~150cm，分枝。小叶较大，背面有白粉，粉绿色，脉隆起，脉网明显；顶端圆或微钝，基部圆楔形或不明显心形，三浅裂，裂片全缘或有1~2牙齿；叶柄长4.5~8cm，有鞘，托叶膜质。圆锥花序伞房状，有多数密集的花；花梗长4~17mm；萼片白色或外面带紫色，宽椭圆形，早落；雄蕊多数，花药长圆形；心皮6~8，有长心皮柄，花柱短，柱头侧生。瘦果倒卵形。生于丘陵或山地林边或山谷沟边。根可治牙痛、急性皮炎、湿疹等症。

偏翅唐松草

学名：*Thalictrum delavayi* Franch.
俗名：马尾黄连、马尾连

毛茛科 Ranunculaceae 唐松草属 *Thalictrum*

植株无毛。茎高达2m。茎下部及中部叶为三至四回三出复叶；小叶草质，圆卵形、倒卵形或椭圆形，长0.5~3cm，3浅裂或具3至少数牙齿，脉平。圆锥花序长15~40cm；花梗长0.8~2.5cm；萼片4（5），紫色，长椭圆形、椭圆形或卵形；雄蕊多数，花丝丝状，花药具极小尖头；心皮15~22，具短柄，花柱短，腹面具柱头。瘦果扁，斜倒卵圆形。生于海拔1900~3400m山地林边、沟边、灌丛或疏林中。根可治风火牙痛、眼痛等症；花美丽，可供观赏。

毛茛铁线莲

学名：*Clematis ranunculoides* Franch.

毛茛科 Ranunculaceae 铁线莲属 *Clematis*

多年生草质藤本。茎枝被毛。基生叶具长柄，为一回三出复叶或单叶，下部茎生叶为一回三出或羽状复叶，上部茎生叶为一回羽状或二回或一回三出复叶；小叶或叶片纸质，宽卵形、五角形、卵形或菱形，先端渐尖，基部宽楔形或近心形，具不等齿，常3裂，两面疏被柔毛。腋生花序具1~3花，顶生花序3~7花，花序梗长0.1~1（3.5）cm；苞片卵形或线形；萼片4，紫红色，稀白色，直立，长圆形，长0.7~1.4cm，疏被毛，具2~3窄纵翅；花丝被长柔毛，花药窄长圆形，长1.2~2mm，无毛，顶端钝。瘦果窄椭圆形。常生于海拔500~3000m的山坡、沟边、林下及灌丛中。

毛蕊铁线莲

学名：*Clematis lasiandra* Maxim.
俗名：丝瓜花、小木通

毛茛科 Ranunculaceae 铁线莲属 *Clematis*

多年生草质藤本。枝无毛或疏被毛。二回羽状复叶或二回三出复叶；小叶草质或薄纸质，窄卵形或卵形，长2~6.5cm，先端长渐尖或渐尖，基部宽楔形或圆，具齿，两面疏被毛或下面无毛；叶柄长2~6cm，基部宽与对生叶柄基部连合。花序腋生并顶生，1~9花，花序梗长1~6cm；苞片为三出复叶或单叶；花梗长1.5~3.5cm；萼片4，紫红色，直立，长圆形，长1~1.7cm，无毛；花丝密被柔毛，花药窄长圆形，长2~3mm，无毛，顶端钝。瘦果窄椭圆形，长约3mm，被毛。生于沟边、山坡荒地及灌丛中。

柱果铁线莲

学名：*Clematis uncinata* Champ.
俗名：癞子藤、色铁线莲、猪狼藤、花木通、台三叶铁线莲

毛茛科 Ranunculaceae 铁线莲属 *Clematis*

木质藤本。枝无毛。一至二回羽状复叶，小叶5~15，无毛；小叶薄革质或纸质，卵状椭圆形、卵形或窄卵形，长3~18cm，先端渐尖或尖，基部圆、宽楔形、近心形或平截，全缘，下面被白粉，网脉稍隆起。花序腋生并顶生，多花，无毛，花序梗长1~8cm；花梗长1~2.2cm；萼片4，白色，平展，窄长圆形，长1~1.5cm，边缘被茸毛；雄蕊无毛，花药窄长圆形或线形，长2.8~3.2mm，顶端具小尖头；瘦果钻状2（3）cm，羽毛状。生于山地、山谷、溪边的灌丛中或林边，或石灰岩灌丛中。根入药，能祛风除湿、舒筋活络、镇痛，治风湿性关节痛、牙痛、骨鲠喉；叶外用治外伤出血。

打破碗花花

学名：*Anemone hupehensis* Lem.
俗名：大头翁、火草花、山棉花、盖头花、满天飞、霸王草、五雷火、遍地爬、野棉花

毛茛科 Ranunculaceae 银莲花属 *Anemone*

多年生高大草本，高达1.2m。根茎长约10cm，径4~7mm。基生叶3~5，具长柄；三出复叶，有时1~2枚或为单叶；顶生小叶具长柄，卵形或宽卵形，长4~11cm，不裂或3~5浅裂，具锯齿，两面疏被糙毛，侧生小叶较小。花莛疏被柔毛，聚伞花序二至三回分枝，花较多；萼片5，紫红色，倒卵形；花药长圆形，心皮生于球形花托。瘦果具细柄。生于海拔400~1800m低山或丘陵的草坡或沟边。根状茎药用，全草用作土农药。

小花草玉梅

学名：*Anemone rivularis* var. *flore-minore* Maxim.

毛茛科 Ranunculaceae 银莲花属 *Anemone*

植株高达42~125cm。根茎木质，径0.8~1.4cm。基生叶3~5，具长柄；叶心状五角形，长2.5~7.5cm，宽达14cm，3全裂，中裂片宽菱形或菱状卵形，3深裂，具小齿，侧裂片斜扇形，不等2深裂，两面被糙伏毛。苞片的深裂片通常不分裂，披针形至披针状线形；花较小，径11.8cm；萼片5（6），狭椭圆形或倒卵状狭椭圆形，长6~9mm，宽2.5~4mm。生于山地林边或草坡上。根状茎药用，治肝炎、筋骨疼痛等症。

野棉花

学名：*Anemone vitifolia* Buch.-Ham.
俗名：小白头翁、土羌活、土白头翁、铁蒿、水棉花、满天星、接骨莲、大星宿草、大鹏叶

毛茛科 Ranunculaceae 银莲花属 *Anemone*

植株高达1.5m。根茎粗0.5~1.8cm。基生叶3~4，具长柄，基生叶均为单叶。花莛与叶柄均被茸毛。聚伞花序长达38cm，二至三回分枝；苞片3，似基生叶，具柄，3深裂，有时为单叶；萼片5，淡粉红色或白色，长1.5~2.2cm；雄蕊多数；心皮400~500，密被茸毛。瘦果长3mm，具细柄，被绵毛。生于山地草坡、沟边或疏林中。根状茎供药用，治跌打损伤、风湿关节痛、肠炎、痢疾、蛔虫病等症；也可作土农药，灭蝇蛆等。

大血藤

学名：*Sargentodoxa cuneata*（Oliv.）Rehd. & Wils.

木通科 Lardizabalaceae 大血藤属 *Sargentodoxa*

落叶木质藤本，长10m余。藤径粗达9cm，全株无毛。三出复叶，或兼具单叶，稀全部为单叶。叶柄长与3~12cm；小叶革质，顶生小叶近棱状倒卵圆形，长4~12.5cm，宽3~9cm，先端急尖。总状花序长6~12cm，雄花与雌花同序或异序；花梗细，长2~5cm；苞片1枚；萼片6，花瓣状，长圆形，顶端钝；花瓣6，小，圆形，蜜腺性；雄蕊长3~4mm，药隔先端略突出；雌蕊多数，子房瓶形，长约2mm，花柱线形，柱头斜。浆果近球形，径约1cm，成熟时黑蓝色；种子卵球形，5mm。常见于山坡灌丛、疏林和林缘等，海拔常为数百米。根及茎均可供药用，有通经活络、散瘀痛、理气行血、杀虫等功效；茎皮含纤维，可制绳索。

女贞

学名：*Ligustrum lucidum* Ait.
俗名：大叶女贞、冬青、落叶女贞

木樨科 Oleaceae 女贞属 *Ligustrum*

灌木或乔木。高可达25m。枝黄褐色、灰色或紫红色。叶片常绿，革质，卵形、长卵形或椭圆形至宽椭圆形，长6~17cm，宽3~8cm，先端锐尖至渐尖或钝，基部圆形或近圆形。圆锥花序顶生，长8~20cm，宽8~25cm；花序梗长0~3cm；花序轴及分枝轴无毛，紫色或黄棕色，果时具棱；花冠长4~5mm，花冠管长1.5~3mm，裂片长2~2.5mm。果肾形或近肾形，深蓝黑色，成熟时呈红黑色，被白粉。生于海拔2900m以下疏、密林中。种子油可制肥皂；花可提取芳香油；果含淀粉，可供酿酒或制酱油；叶药用，具有解热镇痛的功效。

牯岭蛇葡萄

学名：*Ampelopsis glandulosa* var. *kulingensis*（Rehder）Momiyama

葡萄科 Vitaceae 蛇葡萄属 *Ampelopsis*

木质藤本。小枝圆柱形，有纵棱纹，被锈色长柔毛。卷须2~3叉分枝，相隔2节间断与叶对生。叶为单叶，叶片显著呈五角形，上部侧角明显外倾，植株被短柔毛或几无毛。花序梗长1~2.5cm，被锈色长柔毛；花蕾卵圆形，高1~2mm，顶端圆形；萼碟形，边缘波状浅齿，外面疏生锈色短柔毛；花瓣5，卵椭圆形，高0.8~1.8mm，被锈色短柔毛；雄蕊5，花药长椭圆形，长甚于宽；花盘明显，边缘浅裂；子房下部与花盘合生，花柱明显，基部略粗，柱头不扩大。果实近球形，有种子2~4粒。生于沟谷林下或山坡灌丛，海拔300~1600m。

蛇葡萄

学名：*Ampelopsis glandulosa*（Wall.）Momiy.
俗名：锈毛蛇葡萄

葡萄科 Vitaceae 蛇葡萄属 *Ampelopsis*

木质藤本。小枝圆柱形，有纵棱纹，被锈色长柔毛。卷须2~3叉分枝，相隔2节间断与叶对生。叶为单叶，心形或卵形，3~5中裂，常混生有不分裂者，顶端急尖，基部心形，边缘有急尖锯齿；花序梗长1~2.5cm，被锈色长柔毛；花蕾卵圆形，高1~2mm，顶端圆形；花瓣5，卵椭圆形，高0.8~1.8mm，被锈色短柔毛；雄蕊5，花药长椭圆形，长甚于宽；花盘明显，边缘浅裂；子房下部与花盘合生，花柱明显。果实近球形，有种子2~4粒。生于山谷林中或山坡灌丛阴处，海拔50~2200m。

白毛乌蔹莓

学名：*Cayratia albifolia* C. L. Li

葡萄科 Vitaceae 乌蔹莓属 *Causonis*

半木质藤本。小枝圆柱形，有纵棱纹，被灰色柔毛。卷须3叉分枝。鸟足状5小叶复叶，小叶长椭圆形或卵椭圆形，长5~17cm，先端渐尖，基部楔形或钝圆形，每边有20~28个短尖钝齿，密被灰色短柔毛；叶柄长5~12cm，中央小叶柄长3~5cm，侧生小叶无柄或有短柄，被灰色疏柔毛。伞房状多歧聚伞花序腋生；花序梗长2.5~5cm，被灰色疏柔毛；花萼浅碟形，萼齿不明显，外被乳突状柔毛；花瓣宽卵形或卵状椭圆形；花盘明显，4浅裂。果球形，有种子2~4；种子倒卵状椭圆形。生于山谷林中或山坡岩石，海拔300~2000m。

乌蔹莓

学名：*Causonis japonica*（Thunb.）Raf.

俗名：虎葛、五爪龙、五叶莓、地五加、过山龙、五将草、五龙草

葡萄科 Vitaceae 乌蔹莓属 *Causonis*

草质藤本。卷须2~3叉分枝。鸟足状5小叶复叶，椭圆形至椭圆披针形，先端渐尖，基部楔形或宽圆，具疏锯齿，中央小叶显著狭长。复二歧聚伞花序腋生，花萼碟形，花瓣二角状宽卵形，花盘发达。果近球形，径约1cm，有种子2~4；种子倒三角状卵圆形，腹面两侧洼穴从近基部向上过种子顶端。生于山谷林中或山坡灌丛，海拔300~2500m。全草入药，有凉血解毒、利尿消肿之功效。

千屈菜

学名：*Lythrum salicaria* L.
俗名：水柳、中型千屈菜、光千屈菜

千屈菜科 Lythraceae 千屈菜属 *Lythrum*

多年生草本；高约1m。根茎粗壮。叶对生或3片轮生，披针形或宽披针形，长4~6（10）cm，宽0.8~1.5cm，先端钝或短尖，基部圆或心形，有时稍抱茎，无柄。聚伞花序，簇生，花梗及花序梗甚短，花枝似一大型穗状花序，苞片宽披针形或三角状卵形；子房2室，花柱长短不一。蒴果扁圆形。生于河岸、湖畔、溪沟边和潮湿草地。花卉植物；全草入药，治肠炎、痢疾、便血，外用治外伤出血。

白马骨

学名：*Serissa serissoides*（DC.）Druce
俗名：路边姜（湖南）、路边荆

茜草科 Rubiaceae 白马骨属 *Serissa*

小灌木，通常高达1m。枝粗壮，灰色，被短毛。叶通常丛生，薄纸质，倒卵形或倒披针形，顶端短尖或近短尖；托叶具锥形裂片，基部阔，膜质，被疏毛。花无梗，生于小枝顶部，有苞片；花托无毛；萼檐裂片5；花冠管长4mm，外面无毛，喉部被毛，裂片5，长圆状披针形，长2.5mm；花药内藏，长1.3mm；花柱柔弱，长约7mm，2裂，裂片长1.5mm。生于荒地或草坪。

长节耳草

学名：*Hedyotis uncinella* Hook. & Arn.
俗名：小钩耳草

茜草科 Rubiaceae 耳草属 *Hedyotis*

直立、多年生、无毛草本。茎方柱形。叶具柄或近无柄，纸质，卵状长圆形或长圆状披针形，长3.5~7.5cm，宽0.8~3.5cm，先端渐尖，基部楔形或宽楔形，侧脉4~5对，纤细；托叶三角形，长1.2cm，撕裂。头状花序顶生和腋生，有或无花序梗；花无梗或梗极短；花萼长约4mm，萼裂片长圆状披针形；花冠白色或紫色，长约5mm，冠筒喉部被茸毛，花冠裂片长圆状披针形，比冠筒短；雄蕊生于冠筒喉部，内藏。蒴果宽卵形。生于干旱旷地上，少见。

臭鸡屎藤

学名：*Paederia cruddasiana* Prain
俗名：臭鸡矢藤

茜草科 Rubiaceae 鸡矢藤属 *Paederia*

藤状灌木，无毛或被柔毛。叶对生，膜质，卵形或披针形，叶上面无毛，在下面脉上被微毛；叶柄长1~3cm；托叶卵状披针形，顶部2裂。圆锥花序腋生或顶生，长6~18cm，扩展；小苞片微小，卵形或锥形，有小睫毛；花有小梗；花萼钟形，萼檐裂片钝齿形；花冠紫蓝色，长12~16mm，通常被茸毛，裂片短。果阔椭圆形，压扁；小坚果浅黑色，具1阔翅。生于低海拔的疏林内。

拉拉藤

学名：*Galium spurium* L.
俗名：八仙草、爬拉殃、光果拉拉藤、猪殃殃

茜草科 Rubiaceae 拉拉藤属 *Galium*

多枝、蔓生或攀缘状草本，高达90cm。茎有4棱。叶纸质或近膜质，6~8片轮生带状倒披针形或长圆状倒披针形，长1~5.5cm，宽1~7mm，先端有针状凸尖头，基部渐窄，两面常有紧贴刺毛，常萎软状，干后常卷缩，1脉；近无柄。聚伞花序腋生或顶生；花4数，花梗纤细；花萼被钩毛；花冠黄绿色或白色，辐状，裂片长圆形，镊合状排列。果干燥，有1或2个近球状分果，径达5.5mm，肿胀，密被钩毛。生于海拔20~4600m的山坡、旷野、沟边、河滩、田中、林缘、草地。全草药用，有清热解毒、消肿止痛、利尿、散瘀之功效。

茜草

学名：*Rubia cordifolia* L.

茜草科 Rubiaceae 茜草属 *Rubia*

草质攀缘藤本。茎数至多条，有4棱，棱有倒生皮刺，多分枝。叶4片轮生，纸质，披针形或长圆状披针形，长0.7~3.5cm，先端渐尖或钝尖，基部心形，边缘有皮刺，两面粗糙，脉有小皮刺，基出脉3，稀外侧有1对很小的基出脉；叶柄长1~2.5cm，有倒生皮刺。聚伞花序腋生和顶生，多4分枝，有花10余朵至数十朵，花序梗和分枝有小皮刺；花冠淡黄色，干后淡褐色，裂片近卵形，微伸展，长1.3~1.5mm，无毛。果球形，径4~5mm，成熟时橘黄色。常生于疏林、林缘、灌丛或草地上。

薄叶新耳草

学名：*Neanotis hirsuta*（L. f.）Lewis

茜草科 Rubiaceae 新耳草属 *Neanotis*

匍匐草本，下部常生不定根。柔弱，具纵棱。叶卵形或椭圆形，长2~4cm，宽1~1.5cm，顶端短尖，基部下延至叶柄，两面被毛或近无毛；叶柄长4~5mm；托叶膜质，基部合生，宽而短，顶部分裂成刺毛状。花序腋生或顶生，有花1至数朵，常聚集成头状，有长5~10mm；花白色或浅紫色，近无梗或具极短的花梗；萼管管形，萼檐裂片线状披针形；花冠漏斗形，裂片阔披针形，顶端短尖。蒴果扁球形；种子微小，平凸。生于林下或溪旁湿地上。

黄毛草莓

学名：*Fragaria nilgerrensis* Schlecht. ex Gay

蔷薇科 Rosaceae 草莓属 *Fragaria*

多年生草本，密集成丛，高5~25cm。茎、叶背及叶柄密被黄棕色绢状柔毛。叶三出，小叶具短柄，质较厚，倒卵形或椭圆形，具缺刻状锯齿。花两性，径1~2cm；萼片卵状披针形，比副萼片宽或近相等，副萼片披针形，全缘或2裂，果时增大；花瓣白色，圆形，基部有短爪。聚合果圆形，白色、淡白黄色或红色，宿萼直立，紧贴果实。生于山坡草地或沟边林下，海拔700~3000m。

地榆

学名：*Sanguisorba officinalis* L.
俗名：一串红、山枣子、玉札、黄爪香、豚榆系

蔷薇科 Rosaceae 地榆属 *Sanguisorba*

多年生草本，高达1.2m。茎有棱。基生叶为羽状复叶，小叶4~6对；小叶卵形或长圆状卵形，先端圆钝稀急尖，基部心形或浅心形，有粗大圆钝稀急尖锯齿；茎生叶较少，长圆形或长圆状披针形，基部微心形或圆，先端急尖；基生叶托叶膜质，褐色，外面无毛或被稀疏腺毛，茎生叶托叶草质，有尖锐锯齿。穗状花序椭圆形、圆柱形或卵圆形，直立；萼片4，紫红色，椭圆形或宽卵形，背面被疏柔毛，雄蕊4，花丝丝状，与萼片近等长或稍短；子房无毛或基部微被毛。瘦果包藏宿存萼筒内，有4棱。生于草原、草甸、山坡草地、灌丛中、疏林下，海拔30~3000m。根药用，止血，治疗烧伤、烫伤；嫩叶可食，又作代茶饮。

火棘

学名：*Pyracantha fortuneana*（Maxim.）Li
俗名：赤阳子、红子、救命粮、救军粮、救兵粮、火把果

蔷薇科 Rosaceae 火棘属 *Pyracantha*

常绿灌木，高达3m。侧枝短，先端刺状，幼时被锈色短柔毛，后无毛。叶倒卵形或倒卵状长圆形，先端圆钝或微凹，有时具短尖头，基部楔形，下延至叶柄，有钝锯齿。复伞房花序，花径约1cm，萼片三角状卵形，花瓣白色，近圆形；雄蕊20，花柱5，离生。果近球形，径约5mm，橘红色或深红色。生于山地、丘陵地阳坡灌丛草地及河沟路旁，海拔500~2800m。可作绿篱，果实可食。

川梨

学名：*Pyrus pashia* Buch.-Ham. ex D. Don
俗名：棠梨刺、棠梨

蔷薇科 Rosaceae 梨属 *Pyrus*

乔木，高达12m。常具枝刺。叶卵形至长卵形，稀椭圆形，长4~7cm，先端渐尖或急尖，基部圆形，稀宽楔形，边缘有钝锯齿；叶柄长1.5~3cm，托叶膜质，披针形，早落。花7~13组成伞形总状花序，径4~5cm；花序梗和花梗初密被茸毛；花梗长2~3cm；花径2~2.5cm；花瓣白色，倒卵形，先端圆或啮齿状；雄蕊25~30，稍短于花瓣，花柱3~5，无毛。果近球形，径1~1.5cm，褐色，有斑点，萼片脱落；果柄长2~3cm，无毛或近无毛。生于山谷斜坡、丛林中，海拔650~3000m。常用作栽培品种梨的砧木。

龙牙草

学名：*Agrimonia pilosa* Ldb.
俗名：路边黄、仙鹤草、金顶龙芽、石打穿、施州龙芽草、毛脚茵、老鹳嘴、瓜香草

蔷薇科 Rosaceae 龙牙草属 *Agrimonia*

多年生草本。根状茎短，基部常有1至数个地下芽。茎高达1.2m，被疏柔毛及短柔毛，稀下部被长硬毛。叶为间断奇数羽状复叶，常有3~4对小叶，杂有小型小叶；小叶倒卵形至倒卵状披针形，具锯齿。穗状总状花序，花瓣黄色，长圆形；雄蕊5至多枚，花柱2。瘦果倒卵状圆锥形，顶端有数层钩刺。常生于溪边、路旁、草地、灌丛、林缘及疏林下，海拔100~3800m。全草入药，并可制栲胶、农药。

柔毛路边青

学名：*Geum japonicum* var. *chinense* F.Bolle
俗名：追风七、柔毛水杨梅

蔷薇科 Rosaceae 路边青属 *Geum*

多年生草本。须根，簇生。茎直立，高25~60cm，被黄色短柔毛及粗硬毛，枝节膨大。基生叶为大头羽状复叶，通常有小叶1~2对，其余侧生小叶呈附片状，连叶柄长5~20cm，顶生小叶最大，卵形或广卵形，浅裂或不裂，顶端圆钝，基部阔心形或宽楔形，边缘有粗大圆钝或急尖锯齿。花梗密生粗硬毛及短柔毛；萼片三角状卵形；花瓣黄色，近圆形，花柱顶生。聚合果卵球形或椭球形，瘦果被长硬毛。生于山坡草地、田边、河边、灌丛及疏林下，海拔200~2300m。

峨眉蔷薇

学名：*Rosa omeiensis* Rolfe
俗名：山石榴、刺石榴

蔷薇科 Rosaceae 蔷薇属 *Rosa*

直立灌木，高3~4m。小枝无刺或有扁而基部膨大皮刺，幼时常密生针刺或无针刺。小叶9~13（~17），连叶柄长3~6cm，小叶长圆形或椭圆状长圆形，长0.8~3cm，有锐锯齿，上面无毛，中脉下陷，下面无毛或在中脉有疏柔毛，叶轴和叶柄有散生小皮刺，托叶大部贴生叶柄。花单生叶腋，萼片4，披针形，全缘，花瓣4，白色，倒三角状卵形，先端微凹；花柱离生，比雄蕊短。果倒卵圆形或梨形，径0.8~1.5cm，熟时亮红色。多生于山坡、山脚下或灌丛中，海拔750~4000m。可提制栲胶；果实味甜可食，也可酿酒；可入药，有止血、止痢、涩精之效。

金樱子

学名：*Rosa laevigata* Michx.
俗名：油饼果子、唐樱芀、和尚头、山鸡头子、山石榴、刺梨子

蔷薇科 Rosaceae 蔷薇属 *Rosa*

常绿攀缘灌木，高达5m。小枝敝生扁平弯皮刺。小叶革质，通常3，稀5；小叶椭圆状卵形、倒卵形或披针卵形，长2~6cm，先端急尖或圆钝，稀尾尖，有锐锯齿；小叶柄和叶轴有皮刺和腺毛，托叶离生或基部与叶柄合生，早落。花单生叶腋，径5~7cm；花梗长1.8~2.5（3）cm，花梗和萼筒密被腺毛；花瓣白色，宽倒卵形，先端微凹；心皮多数，花柱离生，有毛，比雄蕊短。果梨形或倒卵圆形，熟后紫褐色，密被刺毛，萼片宿存。喜生于向阳的山野、田边、溪畔灌木丛中，海拔200~1600m。根皮含鞣质可制栲胶，果实可熬糖及酿酒，根、叶、果均入药。

软条七蔷薇

学名：*Rosa henryi* Bouleng.
俗名：湖北蔷薇、亨利蔷薇

蔷薇科 Rosaceae 蔷薇属 *Rosa*

灌木，有长匍匐枝，高达5m。小枝有短扁、弯曲皮刺或无刺。小叶通常5，长圆形至椭圆状卵形，先端长渐尖或尾尖，基部近圆或宽楔形，有锐锯齿。花5~15朵，成伞形伞房状花序，萼片披针形，全缘，花瓣白色，宽倒卵圆形，先端微凹；花柱结合成柱。果近球形，径0.8~1cm，熟后褐红色，有光泽；果柄有稀疏腺点；萼片脱落。生于山谷、林边、田边或灌丛中，海拔1700~2000m。

缫丝花

学名：*Rosa roxburghii* Tratt.
俗名：文光果、刺梨、送春归、三降果

蔷薇科 Rosaceae 蔷薇属 *Rosa*

灌木。小枝有基部稍扁而成对皮刺。小叶9~15，连叶柄长5~11cm，小叶椭圆形或长圆形，稀倒卵形，长1~2cm，有细锐锯齿，两面无毛，下面网脉明显；叶轴和叶柄有散生小皮刺，托叶大部贴生叶柄。花单生或2~3朵生于短枝顶端，萼片宽卵形，有羽状裂片，外面密被针刺，花瓣重瓣至半重瓣，淡红色或粉红色，微香，倒卵形，外轮花瓣大，内轮较小；花柱离生，不外伸，短于雄蕊。果扁球形，径3~4cm，熟后绿红色，外面密生针刺；宿萼直立。可供观赏或作绿篱，果可食用或酿酒，根及果药用。

小果蔷薇

学名：*Rosa cymosa* Tratt.
俗名：小金樱花、山木香、红荆藤、倒钩苈

蔷薇科 Rosaceae 蔷薇属 *Rosa*

攀缘灌木，高达5m。小枝无毛或稍有柔毛，有钩状皮刺。小叶3~5，稀7，连叶柄长5~10cm；小叶卵状披针形或椭圆形，稀长圆状披针形，长2.5~6cm，先端渐尖，基部近圆，有紧贴或尖锐细锯齿，两面无毛，下面色淡，沿中脉有稀疏长柔毛。花多朵或复伞房花序，萼片卵形，先端渐尖，常羽状分裂，花瓣白色，倒卵形，先端凹；花柱离生，稍伸出萼筒口，与雄蕊近等长。果球形，径4~7mm，熟后红色至黑褐色，萼片脱落。生于向阳山坡、路旁、溪边或丘陵地，海拔250~1300m。

蛇莓

学名：*Duchesnea indica*（Andr.）Focke
俗名：三爪风、龙吐珠、蛇泡草、东方草莓

蔷薇科 Rosaceae 蛇莓属 *Duchesnea*

多年生草本。匍匐茎多数，长达1m，被柔毛。小叶倒卵形或菱状长圆形，先端圆钝，有钝锯齿，小叶柄被柔毛，托叶窄卵形或宽披针形。花单生叶腋，萼片卵形，副萼片倒卵形较长，先端有3~5锯齿，花瓣倒卵形，黄色，雄蕊多枚，心皮多数，离生，花托在果期膨大，海绵质，鲜红色。瘦果卵圆形。生于山坡、河岸、草地、潮湿的地方，海拔1800m以下。全草药用，能散瘀消肿、收敛止血、清热解毒。

莓叶委陵菜

学名：*Potentilla fragarioides* L.
俗名：毛猴子、雉子筵

蔷薇科 Rosaceae 委陵菜属 *Potentilla*

多年生草本。花茎多数，丛生，上升或铺散，长达25cm，被长柔毛。基生叶羽状复叶，有小叶2~3（4）对，连叶柄长5~22cm，小叶倒卵形，椭圆形或长椭圆形，长0.5~7cm；茎生叶常有3小叶，先端有锯齿，下半部全缘，叶柄短或几无柄；基生叶托叶膜质，褐色，茎生叶托叶草质，绿色，卵形，全缘。伞房状聚伞花序顶生，多花，疏散；花梗纤细，长1.5~2cm，被疏柔毛；萼片三角状卵形，副萼片长圆状披针形；花瓣黄色，倒卵形，先端圆钝或微凹。瘦果近肾形，有脉纹。生于地边、沟边、草地、灌丛及疏林下，海拔350~2400m。

委陵菜

学名：*Potentilla chinensis* Ser.
俗名：朝天委陵菜、萎陵菜、天青地白、五虎噙血、扑地虎、生血丹、一白草、二岐委陵菜

蔷薇科 Rosaceae 委陵菜属 *Potentilla*

多年生草本。根粗壮，圆柱形，稍木质化。花茎直立或上升，高20~70cm，被稀疏短柔毛及白色绢状长柔毛。基生叶为羽状复叶，有小叶5~15对；小叶片对生或互生，上部小叶较长，向下逐渐减小，无柄，长圆形、倒卵形或长圆披针形。伞房状聚伞花序，花梗长0.5~1.5cm，基部有披针形苞片，外面密被短柔毛；花径通常0.8~1cm；花瓣黄色，宽倒卵形，顶端微凹，比萼片稍长；花柱近顶生，基部微扩大。瘦果卵球形，深褐色，有明显皱纹。生于山坡草地、沟谷、林缘、灌丛或疏林下，海拔400~3200m。提制栲胶；全草入药，能清热解毒、止血、止痢；嫩苗可食并可作猪饲料。

粉花绣线菊

学名：*Spiraea japonica* L. f.
俗名：吹火筒、狭叶绣球菊、尖叶绣球菊、火烧尖、蚂蟥梢、日本绣线菊

蔷薇科 Rosaceae 绣线菊属 *Spiraea*

直立灌木，高达1.5m。小枝无毛或幼时被短柔毛。叶卵形或卵状椭圆形，长2~8cm，先端急尖或短渐尖，基部楔形，具缺刻状重锯齿或单锯齿。复伞房花序生于当年生直立新枝顶端，密被短柔毛；花梗长4~6mm；苞片披针形或线状披针形，下面微被柔毛；花径4~7mm；花瓣卵形或圆形，长2.5~3.5mm，粉红色；雄蕊25~30，远长于花瓣；花盘环形，约有10个不整齐裂片。蓇葖果半开张，无毛或沿腹缝有疏柔毛，宿存花柱顶生，稍倾斜开展，宿存萼片常直立。

川莓

学名：*Rubus setchuenensis* Bureau & Franch.
俗名：倒生根、马莓叶、无刺乌泡、黄水泡、糖泡刺

蔷薇科 Rosaceae 悬钩子属 *Rubus*

落叶灌木。小枝密被淡黄色茸毛状柔毛，老时脱落，无刺。单叶，近圆形或宽卵形，基部心形，5~7浅裂。窄圆锥花序，顶生或腋生或少花簇生叶腋，萼片卵状披针形，全缘或外萼片顶端浅条裂；花瓣倒卵形或近圆形，紫红色；雄蕊较短；花梗长约1cm；苞片与托叶相似；花径1~1.5cm；萼片卵状披针形。果半球形，成熟时黑色，核较光滑。生于山坡、路旁、林缘或灌丛中，海拔500~3000m。果可生食；根供药用，有祛风、除湿、止呕、活血之效；又可提制栲胶；茎皮作造纸原料；种子可榨油。

粗叶悬钩子

学名：*Rubus alceifolius* Poiret

蔷薇科 Rosaceae 悬钩子属 *Rubus*

攀缘灌木，高达5m。枝被黄灰色至锈色茸毛状长柔毛，疏生皮刺。单叶，近圆形或宽卵形，长6~16cm，先端钝圆，稀尖，基部心形，上面疏生长柔毛；叶柄长3~4.5cm，被黄灰色至锈色茸毛状长柔毛，疏生小皮刺。顶生窄圆锥花序或近总状，腋生头状花序，稀单生；苞片羽状至掌状或梳齿状深裂；花瓣宽倒卵形或近圆形，白色；花丝宽扁，花药稍有长柔毛；雌蕊多数，子房无毛。果近球形，肉质，成熟时红色。生于海拔500~2000m的向阳山坡、山谷杂木林内或沼泽灌丛中以及路旁岩石间。根和叶入药，有活血化瘀、清热止血之效。

高粱藨

学名：*Rubus lambertianus* Ser.
俗名：高粱泡

蔷薇科 Rosaceae 悬钩子属 *Rubus*

半落叶藤状灌木，高达3m。幼枝有柔毛或近无毛，有微弯小皮刺。单叶，宽卵形，稀长圆状卵形，长5~10（12）cm，先端渐尖，基部心形，上面疏生柔毛或沿叶脉有柔毛；叶柄长2~4（5）cm，具柔毛或近无毛，疏生小皮刺，托叶离生，常脱落。花梗长0.5~1cm；苞片与托叶相似；花径约8mm；花瓣倒卵形，白色，无毛；雄蕊多数，花丝宽扁，雌蕊15~20，无毛。果近球形，成熟时红色，核有皱纹。生于低海山坡、山谷或路旁灌木丛中阴湿处或林缘及草坪。果食用及酿酒；根叶供药用；种子药用，也可榨油作发油用。

寒莓

学名：*Rubus buergeri* Miq.
俗名：咯咯红、聋朵公、虎脚茹、猫儿茹、寒刺泡、水漂沙、大叶寒莓、地莓

蔷薇科 Rosaceae 悬钩子属 *Rubus*

直立或匍匐小灌木。匍匐枝长达2m，与花枝均密被茸毛状长柔毛，无刺或疏生小皮刺。单叶，卵形至近圆形，基部心形，上面微具柔毛或沿叶脉具柔毛，下面密被茸毛。短总状花序顶生或腋生，或花数朵簇生叶腋；花序轴和花梗密被茸毛状长柔毛，无刺或疏生针刺；花梗长5~9mm；花径0.6~1cm；花萼密被淡黄色长柔毛和茸毛，萼片披针形或卵状披针形；花瓣倒卵形，白色；雄蕊多数，花丝无毛，花柱长于雄蕊。果近球形，成熟时紫黑色，无毛；核具皱纹。生于中低海拔的阔叶林下或山地疏密杂木林内。果可食及酿酒；根及全草入药，有活血、清热解毒之效。

茅莓

学名：*Rubus parvifolius* L.

俗名：婆婆头、牙鹰勒、蛇泡勒、草杨梅子、茅莓悬钩子、小叶悬钩子、红梅消、三月泡

蔷薇科 Rosaceae 悬钩子属 *Rubus*

灌木，高1~2m。枝呈弓形弯曲，被柔毛和稀疏钩状皮刺。小叶3（5），菱状圆卵形或倒卵形，长2.5~6cm，上面伏生疏柔毛，下面密被灰白色茸毛，有不整齐粗锯齿或缺刻状粗重锯齿，常具浅裂片；叶柄长2.5~5cm，被柔毛和稀疏小皮刺，托叶线形，被柔毛；伞房花序顶生或腋生，具花数朵至多朵，被柔毛和细刺；花瓣卵圆形或长圆形，粉红色或紫红色，花丝白色；子房被柔毛。果实卵球形，径1~1.5cm，红色，无毛或具稀疏柔毛；核有浅皱纹。生于山坡杂木林下、向阳山谷、路旁或荒野，海拔400~2600m。果可食或酿酒、制醋，根和叶含单宁，全株入药。

三花悬钩子

学名：*Rubus trianthus* Focke

俗名：苦悬钩子、三花莓

蔷薇科 Rosaceae 悬钩子属 *Rubus*

藤状灌木，高0.5~2m。枝无毛，疏生皮刺，有时具白粉。单叶，卵状披针形或长圆披针形，顶端渐尖，基部心脏形，稀近截形，两面无毛，上面色较浅，3裂或不裂，边缘有不规则或缺刻状锯齿；叶柄长1~3（4）cm，疏生小皮刺，基部有3脉；托叶披针形，无毛。花常3朵，有时3朵以上成短总状花序，常顶生；花梗长1~2.5cm，无毛；苞片披针形或线形；花径1~1.7cm；花瓣长圆形或椭圆形，白色，几与萼片等长；雄蕊多数，花丝宽扁；雌蕊10~50。果近球形，成熟时红色，核具皱纹。生于山坡杂木林或草丛中，也常见于路旁、溪边及山谷等处，海拔500~2800m。全株入药，有活血散瘀之效。

平枝栒子

学名：*Cotoneaster horizontalis* Dcne.
俗名：被告惹、矮红子、平枝灰栒子、山头姑娘、岩楞子、栒刺木

蔷薇科 Rosaceae 栒子属 *Cotoneaster*

落叶或半常绿匍匐灌木，高不超过0.5m。枝水平开张成整齐两列状；小枝圆柱形，幼时外被糙伏毛，老时脱落，黑褐色。叶片近圆形或宽椭圆形，稀倒卵形，先端多数急尖，基部楔形，全缘；叶柄长1~3mm，被柔毛；托叶钻形，早落。花1~2朵，近无梗，径5~7mm；花瓣直立，倒卵形，先端圆钝，粉红色；雄蕊约12，短于花瓣；花柱常为3，有时为2，离生，短于雄蕊；子房顶端有柔毛。果实近球形，径4~6mm，鲜红色，常具3小核，稀2小核。生于灌木丛中或岩石坡上，海拔2000~3500m。

西南栒子

学名：*Cotoneaster franchetii* Bois
俗名：佛氏栒子、陷脉栒子

蔷薇科 Rosaceae 栒子属 *Cotoneaster*

半常绿灌木，高1~3m。枝开张，呈弓形弯曲，暗灰褐色或灰黑色，嫩枝密被糙伏毛，老时逐渐脱落。叶厚，椭圆形或卵形，长2~3cm，先端尖或渐尖，基部楔形，全缘；叶柄长2~4mm，具茸毛，托叶线状披针形，后脱落；花5~11朵，成聚伞花序，生于短侧枝顶端，总花梗和花梗密被短柔毛；径6~7mm；花瓣直立，宽倒卵形或椭圆形，先端圆钝，粉红色；雄蕊20，比花瓣短。果卵圆形，成熟时橘红色，小核3（~5）。生于多石向阳山地灌木丛中，海拔2000~2900m。

假酸浆

学名：*Nicandra physalodes*（L.）Gaertner
俗名：鞭打绣球、冰粉、大千生

茄科 Solanaceae 假酸浆属 *Nicandra*

一年生直立草本，高达1.5m。茎无毛。叶互生，卵形或椭圆形，长4~20cm，先端尖或短渐尖，基部楔形，具粗齿或浅裂；叶柄长1.5~6cm。花单生叶腋，俯垂；花梗长1.5~4cm；花萼钟状；花冠钟状，淡蓝色，冠檐5浅裂，径2.4~4cm，裂片宽短；雄蕊5，内藏，花丝基部宽，花药椭圆形，药室平行，纵裂；子房3~5，胚珠多数，柱头近头状，3~5浅裂。浆果球形，径1~2cm，黄色或褐色，为宿萼包被；种子肾状盘形。生于田边、荒地或住宅区。全草药用，有镇静、祛痰、清热解毒之效。

曼陀罗

学名：*Datura stramonium* L.
俗名：醉心花、闹羊花、野麻子、洋金花、万桃花、狗核桃、枫茄花、土木特张姑、沙斯哈我那、赛斯哈塔肯

茄科 Solanaceae 曼陀罗属 *Datura*

草本或亚灌木状，高达1.5m。植株无毛或幼嫩部分被短柔毛。叶宽卵淡绿色，上部白或淡紫色，先端渐尖，基部不对称楔形，具不规则波状浅裂，裂片具短尖头。雄蕊内藏，先端尖，有时具波状牙齿。花直立，花冠漏斗状，长6~10cm，下部淡绿色，上部白色或淡紫色，冠檐径3~5cm，裂片具短尖头；雄蕊内藏；花子房密被柔针毛。蒴果直立，卵圆形；种子卵圆形，稍扁，黑色。生于住宅旁、路边或草地上。作药用或观赏而栽培。

白英

学名：*Solanum lyratum* Thunberg
俗名：毛母猪藤、排风藤、生毛鸡屎藤、白荚、北风藤、蔓茄、山甜菜、蜀羊泉、白毛藤、千年不烂心

茄科 Solanaceae 茄属 *Solanum*

草质藤本，长达3m。多分枝，茎及小枝密被长柔毛。叶椭圆形或琴形，长3~11cm，基部心形或戟形，全缘或3~5深裂，裂片全缘，中裂片常卵形，先端渐尖，两面被白色长柔毛，侧脉5~7对；叶柄长1~3cm，被长毛。圆锥花序顶生或腋外生，花萼环状，萼齿宽卵形；花冠蓝紫色或白色，裂片椭圆状披针形；花药长于花丝，花柱无毛。浆果球状，红黑色，径7~9mm；种子近盘状，径约1.5mm。喜生于山谷草地或路旁、田边，海拔600~2800m。全草入药，可治小儿惊风；果实能治风火牙痛。

喀西茄

学名：*Solanum aculeatissimum* Jacquin
俗名：刺茄子、苦茄子、谷雀蛋、阿公、苦颠茄、狗茄子、添钱果

茄科 Solanaceae 茄属 *Solanum*

草本或亚灌木状，高达2（~3）m。茎、枝、叶、花柄及花萼被硬毛、腺毛及基部宽扁直刺，刺长0.2~1.5cm。叶宽卵形，长6~15cm，先端渐尖，基部戟形，5~7深裂，裂片边缘不规则齿裂及浅裂，侧脉疏被直刺。蝎尾状总状花序腋外生，花单生或2~4；花萼钟状；花冠筒淡黄色，长约1.5mm，冠檐白色，裂片披针形；花丝长1~2mm，花药顶端延长，长6~7mm，顶孔向上；子房被微茸毛，花柱长约8mm，柱头平截。浆果球形，淡黄色；种子淡黄色。喜生于沟边、路边灌丛荒地草坡或疏林中，海拔1300~2300m。果实含有索拉索丁，是合成激素的原料，烧成烟可以熏牙止痛。

龙葵

学名：*Solanum nigrum* L.

俗名：黑天天、天茄菜、飞天龙、地泡子、假灯龙草、白花菜、小果果、野茄秧、山辣椒、灯龙草、野海角、野伞子、石海椒、小苦菜、野梅椒、野辣虎、悠悠、天星星、天天豆、颜柔、黑狗眼、滨藜叶龙葵

茄科 Solanaceae 茄属 *Solanum*

一年生草本，高达1m。茎近无毛或被微柔毛。叶卵形，先端钝，基部楔形或宽楔形，下延，全缘或具4~5对不规则波状粗齿，两面无毛或疏被短柔毛，叶脉5~6对。伞形状花序腋外生，具3~6（10）花，花序梗长2~4cm；花冠白色，长0.8~1cm，冠檐裂片卵圆形；花丝长1~1.5mm，花药长2.5~3.5mm，顶孔向内，花柱长5~6mm，中下部被白色茸毛。浆果球形，径0.8~1cm，黑色；果柄弯曲；种子多数，近卵形，两侧压扁。喜生于田边，荒地及村庄附近。全株入药，可散瘀消肿、清热解毒。

灯笼果

学名：*Physalis peruviana* L.

俗名：小果酸浆、秘鲁苦蘵

茄科 Solanaceae 灯笼果属 *Physalis*

多年生草本，高45~90cm。具匍匐的根状茎。茎直立，不分枝或少分枝，密生短柔毛。叶较厚，阔卵形或心脏形，顶端短渐尖，基部对称心脏形。叶柄长2~5cm，密生柔毛；花单独腋生，梗长约1.5cm；花萼阔钟状，裂片披针形，与筒部近等长；花冠阔钟状，黄色而喉部有紫色斑纹，5浅裂；花丝及花药蓝紫色。果萼卵球状，长2.5~4cm，薄纸质，淡绿色或淡黄色，被柔毛；浆果成熟时黄色；种子黄色。生于海拔1200~2100m的路旁或河谷。果实成熟后酸甜味，可生食或作果酱。

臭荚蒾

学名：*Viburnum foetidum* Wall.

忍冬科 Caprifoliaceae 荚蒾属 *Viburnum*

落叶灌木，高达4m。当年生小枝连同叶柄和花序均被簇状短毛，2年生小枝紫褐色，无毛。叶纸质至厚纸质，卵形、椭圆形至矩圆状菱形，顶端尖至短渐尖，基部楔形至圆形，边缘有少数疏浅锯齿或近全缘；叶柄长5~10mm。复伞形式聚伞花序生于侧生小枝之顶；萼筒筒状，长约1mm，被簇状短毛和微细腺点；花冠白色，辐状，散生少数短柔毛，裂片圆卵形，超过筒，有极小腺缘毛；雄蕊花药黄白色，椭圆形；花柱高出萼齿。果实红色，圆形。生于林缘灌丛中，海拔1200~3100m。

烟管荚蒾

学名：*Viburnum utile* Hemsl.

忍冬科 Caprifoliaceae 荚蒾属 *Viburnum*

常绿灌木，高达2m。叶下面、叶柄和花序均被由灰白色或黄白色簇状毛组成的细茸毛。叶革质，卵圆状矩圆形，有时卵圆形至卵圆状披针形，长2~5（8.5）cm，顶端圆至稍钝，有时微凹，基部圆形，全缘，边稍内卷，深绿色有光泽而无毛；叶柄长5~10（15）mm。聚伞花序径5~7cm，总花梗粗；萼筒筒状，长约2mm，无毛，萼齿卵状三角形；花冠白色，花蕾时带淡红色，辐状；雄蕊与花冠裂片几等长。果实红色，后变黑色，椭圆状矩圆形至椭圆形；核稍扁，椭圆形或倒卵形。生于山坡林缘或灌丛中，海拔500~1800m。茎枝民间用来制作烟管。

珍珠荚蒾

学名：*Viburnum foetidum* var. *ceanothoides*（C.H.Wright）Hand.-Mazz.

忍冬科 Caprifoliaceae 荚蒾属 *Viburnum*

植株直立或攀缘状。枝披散，侧生小枝较短。叶较密，倒卵状椭圆形至倒卵形，长2~5cm，顶端急尖或圆形，基部楔形，边缘中部以上具少数不规则、圆或钝的粗牙齿或缺刻，很少近全缘，下面常散生棕色腺点，脉腋集聚簇状毛，侧脉2~3对。复伞形式聚伞花序生于侧生小枝之顶，花通常生于第二级辐射枝上，花冠白色，辐状，裂片圆卵形；雄蕊与花冠等长或略超出，花药黄白色，花柱高出萼齿。生于山坡密林或灌丛中，海拔900~2600m。种子含油约10%，供制润滑油、油漆和肥皂。

皱叶荚蒾

学名：*Viburnum rhytidophyllum* Hemsl.
俗名：枇杷叶荚蒾

忍冬科 Caprifoliaceae 荚蒾属 *Viburnum*

常绿灌木或小乔木，高达4m。幼枝、芽、叶下面、叶柄及花序均被由黄白色、黄褐色或红褐色簇状毛组成的厚茸毛。当年小枝粗，稍有棱角。叶革质，卵状矩圆形至卵状披针形，顶端稍尖或略钝，基部圆形或微心形，全缘或有不明显小齿，上面深绿色有光泽；叶柄粗壮，长1.5~3（4）cm。聚伞花序稠密，径7~12cm，总花梗粗；花生于第3级辐射枝，无梗；花冠白色，辐状，径5~7mm，几无毛，裂片圆卵形，长2~3mm，稍长于筒部；雄蕊高出花冠。果实红色，后变黑色，宽椭圆形；核宽椭圆形。生于山坡林下或灌丛中，海拔800~2400m。茎皮纤维可作麻及制绳索。

接骨草

学名：*Sambucus javanica* Blume
俗名：臭草、八棱麻、陆英、蒴藋、青稞草、走马箭、七叶星、蒴藿

忍冬科 Caprifoliaceae 接骨木属 *Sambucus*

高大草本或亚灌木。茎髓部白色。小叶2~3对，互生或对生，窄卵形，长6~13cm，嫩时上面被疏长柔毛，先端长渐尖，基部两侧不等，具细锯齿，近基部或中部以下边缘常有1或数枚腺齿；顶生小叶卵形或倒卵形，基部楔形，有时与第1对小叶相连，小叶无托叶，基部1对小叶有时有短柄。杯形不孕性花宿存，可孕性花小；萼筒杯状，萼齿三角形；花冠白色，基部联合；花药黄色或紫色；子房3室。果熟时红色，近圆形，径3~4mm；核2~3，卵圆形。生于海拔300~2600m的山坡、林下、沟边和草丛中。药用植物，可治跌打损伤，有祛风湿、通经活血、解毒消炎之功效。

蕕梗花

学名：*Abelia uniflora* R. Brown
俗名：小叶六道木

忍冬科 Caprifoliaceae 六道木属 *Abelia*

落叶灌木，高1~2m。幼枝红褐色，被短柔毛，老枝树皮条裂脱落。叶圆卵形、狭卵圆形、菱形、狭矩圆形至披针形，顶端渐尖或长渐尖，基部楔形或钝形，边缘具稀疏锯齿；叶柄长2~4mm。花生于侧生短枝顶端叶腋，由未伸长的带叶花枝构成聚伞花序状；萼筒细长，萼檐2裂，裂片椭圆形；花冠红色，狭钟形，5裂，稍呈二唇形，上唇3裂，下唇2裂，筒基部两侧不等，具浅囊；雄蕊4枚，花药长柱形，花丝白色；花柱与雄蕊等长，柱头头状。果实长圆柱形。生于海拔240~2000m的林缘、路边、草坡、岩石、山谷等处。

河朔荛花

学名：*Wikstroemia chamaedaphne* Meisn.
俗名：老虎麻、番泻叶、羊燕花、岳彦花、拐拐花、羊厌厌、矮雁皮

瑞香科 Thymelaeaceae 荛花属 *Wikstroemia*

灌木，高达1.2m。分枝密，纤细，幼枝淡绿色，近四棱形，无毛，老枝深褐色。叶近革质，对生，披针形或长圆状披针形，长2~5.5cm，宽3~8mm，先端尖，基部楔形；叶柄极短。穗状花序或圆锥花序具多花，顶生或腋生；花序梗长0.8~1.8cm，被灰色柔毛；萼筒黄色，长0.6~1cm，外面被丝状柔毛，裂片4，2大2小，卵形，先端钝圆；雄蕊8，2轮，生于萼筒中部以上，几无花丝；子房棒状，具柄，上部被淡黄色柔毛，花柱短，柱头球形，顶端稍扁，具乳突。果卵形，长约5mm。生于海拔500~1900m的山坡及路旁。纤维可造纸，作人造棉，茎叶可作土农药毒杀害虫。

毛瑞香

学名：*Daphne kiusiana* var. *atrocaulis*（Rehd.）F. Maekawa
俗名：大黄构、贼腰带、野梦花、紫枝瑞香

瑞香科 Thymelaeaceae 瑞香属 *Daphne*

常绿灌木，高0.5~1.2m。二歧状或伞房分枝；枝深紫色或紫红色，通常无毛，有时幼嫩时具粗茸毛。腋芽近圆形或椭圆形。叶互生，稀对生，有时簇生枝顶，薄革质，长圆状披针形或椭圆形，长5~11cm，宽1.5~3.5cm，先端渐尖或尾尖，基部下延，楔形，全缘；叶柄长0.5~1.2cm，两侧具窄翅。花5~13组成顶生头状花序；苞片披针形或长圆形；花白色、黄色或淡紫色；萼筒长1~1.4mm，外面被丝状毛；雄蕊8，2轮；子房椭圆形。果宽椭圆形或卵状椭圆形，成熟时红色。生于海拔300~1400m的林边或疏林中较阴湿处。

蕺菜

学名：*Houttuynia cordata* Thunb.
俗名：臭狗耳、狗腥草、狗贴耳、狗点耳、独根草、丹根苗、臭猪草、臭尿端、臭牡丹、臭灵丹、臭蕺、臭根草、臭耳朵草、臭茶、臭草、侧耳根、侧儿根、壁蝨菜、壁虱菜、臭菜、鱼鳞草、鱼腥草、猪屁股

三白草科 Saururaceae 蕺菜属 *Houttuynia*

多年生草本，高达60cm。具根茎。茎下部伏地，上部直立，无毛或节被柔毛，有时紫红色。叶薄纸质，密被腺点，宽卵形或卵状心形，先端短渐尖，基部心形，下面常带紫色。穗状花序顶生或与叶对生，基部多具4片白色花瓣状苞片；花小，雄蕊3，长于花柱，花丝下部与子房合生，花柱3，外弯。蒴果近球形，顶端开裂，花柱宿存。生于沟边、溪边或林下湿地。全株入药，有清热、解毒、利水之效；嫩根茎可食，我国西南地区常作蔬菜或调味品。

变豆菜

学名：*Sanicula chinensis* Bunge
俗名：鸭脚板、蓝布正

伞形科 Apiaceae 变豆菜属 *Sanicula*

多年生草本，高达1m。茎粗壮、无毛。基生叶近圆肾形或圆心形，常3（5）裂，中裂片倒卵形，基部近楔形，侧裂片深裂，稀不裂，裂片有不规则锯齿；叶柄长7~30cm；茎生叶有柄或近无柄。伞形花序二至三回叉式分枝，总苞片叶状，常3深裂，伞形花序有花6~10，雄花3~7，两性花3~4；萼齿果熟时喙状，花瓣白色或绿白色，先端内凹；花柱与萼齿儿等长。果圆卵形，有钩状基部膨大的皮刺。生于阴湿的山坡路旁、杂木林下、竹园边、溪边等草丛中，海拔200~2300m。

黑柴胡

学名：*Bupleurum smithii* Wolff

伞形科 Apiaceae 柴胡属 *Bupleurum*

多年生草本，常丛生，高25~60cm。根黑褐色，质松，多分枝。叶多，质较厚，基部叶丛生，狭长圆形或长圆状披针形或倒披针形，长10~20cm，宽1~2cm，顶端钝或急尖，有小突尖，基部渐狭成叶柄，叶柄宽狭变化很大，长短也不一致，叶基带紫红色，扩大抱茎；中部的茎生叶狭长圆形或倒披针形，下部较窄成短柄或无柄，顶端短渐尖，基部抱茎，叶脉11~15；总苞片1~2或无；伞辐4~9，挺直，不等长，长0.5~4cm，有明显的棱；小总苞片6~9，卵形。果棕色，卵形。生于海拔1400~3400m的山坡草地、山谷、山顶阴处。

短毛独活

学名：*Heracleum moellendorffii* Hance

俗名：老桑芹

伞形科 Apiaceae 独活属 *Heracleum*

多年生草本，高1~2m。根圆锥形、粗大，灰棕色。茎直立，有棱槽。叶有柄，长10~30cm；叶片轮廓广卵形，薄膜质，三出式分裂，裂片广卵形至圆形、心形、不规则的3~5裂；茎上部叶有显著宽展的叶鞘。复伞形花序顶生和侧生，花序梗长4~15cm；总苞片少数，线状披针形；伞辐12~30，不等长；小总苞片5~10，披针形；花瓣白色，二型；花柱基短圆锥形，花柱叉开。分生果圆状倒卵形。生长于阴坡山沟旁、林缘或草甸。

积雪草

学名：*Centella asiatica*（L.）Urban
俗名：铁灯盏、钱齿草、大金钱草、铜钱草、老鸦碗、马蹄草、崩大碗、雷公根

伞形科 Apiaceae 积雪草属 *Centella*

多年生草本。茎匍匐，节上生根。叶肾形或马蹄形，长1~2.8cm，宽1.5~5cm，有钝锯齿，两面无毛或下面脉上疏生柔毛；叶柄长1.5~27cm。伞形花序有花3~4朵；花瓣卵形，紫红色或乳白色。果两侧扁，有毛或平滑。喜生于阴湿的草地或水沟边，海拔200~1900m。全草入药，清热利湿、消肿解毒。

前胡

学名：*Peucedanum praeruptorum* Dunn
俗名：白花前胡

伞形科 Apiaceae 前胡属 *Peucedanum*

植株高达1m。根圆锥形，末端常分叉。茎髓部充实。叶柄长5~15cm；叶宽卵形，二至三回分裂，小裂片菱状倒卵形，具粗齿或浅裂；茎上部叶无柄，叶鞘较宽，叶3裂，中裂片基部下延。复伞形花序多数，径3.5~9cm；花序梗顶端多短毛，总苞片无或少数，线形；伞形花序有15~20花；萼齿不显著；花瓣白色；花柱短，弯曲。果卵圆形，褐色，有疏毛。生于海拔250~2000m的山坡林缘，路旁或半阴性的山坡草丛中。根供药用，能解热、祛痰，治感冒咳嗽、支气管炎及疖肿。

窃衣

学名：*Torilis scabra*（Thunb.）DC.

伞形科 Apiaceae 窃衣属 *Torilis*

一年或多年生草本，植株高达70cm。全体有贴生短硬毛。茎上部分枝。叶卵形，二回羽状分裂，小叶窄披针形或卵形，长0.2~1cm，宽2~5mm，先端渐尖，有缺刻状锯齿或分裂；叶柄长3~4cm。复伞形序，总花梗长1~8cm，常无总苞片，稀有1钻形苞片；伞辐2~4，长1~5cm；小总苞片数个，钻形，长2~3mm；伞形花序有花3~10；花白色或带淡紫色；花瓣被平伏毛。果实长圆形。生于山坡、林下、路旁、河边及空旷草地上，海拔250~2400m。

细叶旱芹

学名：*Apium leptophyllum*

伞形科 Apiaceae 芹属 *Apium*

一年生草本，高达45cm。茎多分枝，无毛。基生叶柄长2~5（11）cm；叶长圆形或长圆状卵形，长2~10cm，三至四回羽状多裂，裂片线形；上部茎生叶三出二至三回羽裂，裂片长1~1.5cm。复伞形花序无梗，稀有短梗，无总苞片和小总苞片；伞辐2~3（5），长1~2cm，无毛；伞形花序有花5~23；花梗不等长。果圆心形或圆卵形，长、宽约1.5~2mm，果棱钝。生于杂草地及水沟边，为外来种。

蛇床

学名：*Cnidium monnieri*（L.）Cuss.
俗名：山胡萝卜、蛇米、蛇粟、蛇床子

伞形科 Apiaceae 蛇床属 *Cnidium*

一年生草本，高达60cm。茎单生，多分枝。下部叶具短柄，叶鞘宽短，边缘膜质，上部叶柄鞘状；叶卵形或三角状卵形，长3~8cm，宽2~5cm，二至三回羽裂，裂片线形或线状披针形。复伞形花序径2~3cm，总苞片6~10，线形，长约5mm，边缘具细睫毛；伞辐8~20，长0.5~2cm，小总苞片多数，线形，长3~5m，边缘具细睫毛；伞形花序有15~20花；花瓣白色；花柱基垫状，花柱稍弯曲。果长圆形。生于田边、路旁、草地及河边湿地。果实“蛇床子”入药，有燥湿、杀虫止痒、壮阳之效。

鸭儿芹

学名：*Cryptotaenia japonica* Hassk.
俗名：鸭脚板、鸭脚芹、深裂鸭儿芹

伞形科 Apiaceae 鸭儿芹属 *Cryptotaenia*

植株高达1m。茎直立，有分枝，有时稍带淡紫色。基生叶或较下部的茎生叶具柄，3小叶，顶生小叶菱状倒卵形，有不规则锐齿或2~3浅裂。花序圆锥状，花序梗不等长，总苞片和小总苞片1~3，线形，早落；伞形花序有花2~4；花瓣倒卵形，顶端有内折小舌片；果线状长圆形，合生面稍缢缩，胚乳腹面近平直。生于海拔200~2400m的山地、山沟及林下较阴湿的地区。全草入药，治虚弱、尿闭及肿毒等，民间有用全草捣烂外敷治蛇咬伤。

构

学名：*Broussonetia papyrifera*（L.）L' Heritier ex Ventenat
俗名：毛桃、谷树、谷桑、楮、楮桃、构树

桑科 Moraceae 构属 *Broussonetia*

高大乔木或灌木状，高达16m。小枝密被灰色粗毛。叶宽卵形或长椭圆状卵形，先端尖，基部近心形、平截或圆，具粗锯齿，不裂至5裂多型，上面粗糙，基出3脉。花雌雄异株，雄花序粗，花被4裂，雌花序头状。聚花果球形，径1.5~3cm，熟时橙红色，肉质；瘦果具小瘤。野生或栽培。韧皮纤维可作造纸材料，果（楮实子）及根、皮可供药用。

地果

学名：*Ficus tikoua* Bur.
俗名：地爬根、地瓜榕、地瓜、地石榴、地枇杷

桑科 Moraceae 榕属 *Ficus*

匍匐木质藤本。茎上生细长不定根，节膨大。幼枝偶有直立的，高达30~40cm。叶坚纸质，倒卵状椭圆形，长2~8cm，宽1.5~4cm，先端急尖，基部圆形至浅心形，边缘具波状疏浅圆锯齿。榕果成对或簇生于匍匐茎上，常埋于土中，球形至卵球形，径1~2cm，基部收缩成狭柄，成熟时深红色，表面多圆形瘤点，基生苞片3，细小。雄花生榕果内壁孔口部，无柄，花被片2~6，雄蕊1~3；雌花生另一植株榕果内壁，有短柄；无花被，有黏膜包被子房。常生于荒地、草坡或岩石缝中。榕果成熟可食，水土保持植物。

鸡桑

学名：*Morus australis* Poir.
俗名：山桑、壓桑、小叶桑、裂叶鸡桑、鸡爪叶桑、戟叶桑、细裂叶鸡桑、花叶鸡桑、狭叶鸡桑

桑科 Moraceae 桑属 *Morus*

乔木或灌木状。树皮灰褐色。叶卵形，先端骤尖或尾尖，基部稍心形或近平截，具锯齿，不裂或3~5裂。雄花序与雌花序近等长，被柔毛，花药黄色，雌花序卵形或球形，花柱较长，柱头2裂。聚花果短椭圆形，径约1cm。生于海拔500~1000m石灰岩山地或林缘及荒地。韧皮纤维可以造纸，果食成熟时味甜可食。

两歧飘拂草

学名：*Fimbristylis dichotoma*（L.）Vahl
俗名：线叶两歧飘拂草

莎草科 Cyperaceae 飘拂草属 *Fimbristylis*

秆丛生，高15~50cm，无毛或被疏柔毛。叶线形，略短于秆或与秆等长，宽1~2.5mm，被柔毛或无，鞘革质，上端近平截，膜质部分较宽浅棕色。苞片3~4，叶状；小穗单生辐射枝顶，卵形、椭圆形或长圆形，长0.4~1.2cm，宽约2.5mm，多花；鳞片卵形、长圆状卵形或长圆形，长2~2.5mm，褐色，脉3~5，具短尖；雄蕊1~2，花丝较短；花柱扁平，长于雄蕊，上部有缘毛，柱头2。小坚果宽倒卵形，双凸状。生于稻田或空旷草地上。

具芒碎米莎草

学名：*Cyperus microiria* Steud.
俗名：黄颖莎草

莎草科 Cyperaceae 莎草属 *Cyperus*

一年生草本。具须根。秆丛生，高20~50cm，锐三棱形，稍细，平滑，基部具叶。叶短于秆，宽2.5~5mm，叶鞘较短，红棕色；叶状苞片3~4，长于花序；叶短于秆，叶鞘较短，红棕色，叶状苞片长于花序。穗状花序于长侧枝组成聚伞花序复出，卵形或宽卵形。小坚果长圆状倒卵形，三棱状，与鳞片近等长，深褐色，密被微突起细点。生于河岸边、路旁或草原湿处。

碎米莎草

学名：*Cyperus iria* L.

莎草科 Cyperaceae 莎草属 *Cyperus*

一年生草本。秆丛生，扁三棱状，基部具少数叶。叶短于秆，宽2~5mm，平展或折合，叶鞘短，红棕色或紫棕色；叶状苞片3~5，下部的2~3片较花序长。穗状花序于长侧枝组成复出聚伞花序，卵形或长圆状卵形，小穗松散排列，斜展，长圆形至线状披针形；鳞片疏松排列，宽倒卵形；雄蕊3，柱头3。小坚果，三棱状，与鳞片等长，褐色。分布极广，为一种常见的杂草，生于田间、山坡、路旁阴湿处。

砖子苗

学名：*Cyperus cyperoides*（L.）Kuntze
俗名：复出穗砖子苗、小穗砖子苗、展穗砖子苗

莎草科 Cyperaceae 莎草属 *Cyperus*

秆通常较粗壮。长侧枝聚伞花序近于复出；辐射枝较长，最长达14cm，每辐射枝具1~5个穗状花序，部分穗状花序基部具小苞片，顶生穗状花序一般长于侧生穗状花序。穗状花序狭，宽常不及5mm，无总花梗或具很短总花梗；小穗较小，长约3mm；鳞片黄绿色。生于河边湿地灌木丛或草丛中，有时也生长在较干燥的地方。

三棱水葱

学名：*Schoenoplectus triqueter*（L.）Palla
俗名：青岛藨草、藨草

莎草科 Cyperaceae 水葱属 *Schoenoplectus*

秆散生，粗壮，高20~90cm，锐三棱形，平滑，基部具鞘，鞘暗褐色或棕色。叶片扁平。简单长侧枝聚伞花序假侧生，辐射枝1~8，三棱形，棱粗糙；小穗卵形或长圆形，长0.6~1.2（~1.4）cm，宽3~7mm，密生多花；鳞片长圆形、椭圆形或宽卵形，先端微凹或圆，长3~4mm，膜质，黄棕色，具中肋，先端短尖，边缘疏生缘毛；雄蕊3，花药线形，药隔暗褐色，稍突出；花柱短，柱头2，细长。小坚果倒卵形，平凸状，成熟时褐色。生于水沟、水塘、山溪边或沼泽地，海拔在2000m以下。

水蜈蚣

学名：*Kyllinga polyphylla* Kunth

莎草科 Cyperaceae 水蜈蚣属 *Kyllinga*

多年生草本，丛生。秆高7～20cm，扁三棱形，平滑。叶窄线形，宽2～4mm，基部鞘状抱茎，最下2个叶鞘呈干膜质。穗状花序单个，极少2或3个，球形或卵球形，长5~11mm，宽4.5~10mm，具极多数密生的小穗；小穗长圆状披针形或披针形，压扁；鳞片膜质，长2.8~3mm，下面鳞片短于上面的鳞片，白色，具锈斑；雄蕊3~1个，花药线形；花柱细长，柱头2，长不及花柱的1/2。小坚果倒卵状长圆形，扁双凸状。生长于水边、略旁、水田及旷野湿地。性温，味辛，可入药。

二形鳞薹草

学名：*Carex dimorpholepis* Steud.

莎草科 Cyperaceae 薹草属 *Carex*

秆丛生，高35~80cm，锐三棱形，上部粗糙，基部叶鞘红褐或黑褐色，无叶片。叶短于或等长于秆，宽4~7mm，边缘稍反卷；苞片下部的2枚叶状，长于小穗，上部的刚毛状；小穗5~6，接近，顶端的雌雄顺序，长4~6cm；侧生小穗雌性，上部3个基部具雄花；雌花鳞片倒卵状长圆形，先端微凹或平截，具粗糙长芒，长4~4.5mm，3脉绿色，两侧白色膜质，疏生锈色点线。果囊椭圆形或椭圆状披针形，长约3mm，略扁，红褐色。生沟边潮湿处及路边、草地，海拔200~1300m。

青绿薹草

学名：*Carex breviculmis* R. Br.

莎草科 Cyperaceae 薹草属 *Carex*

秆丛生，高8~40cm，纤细，三棱形，上部稍粗糙，基部叶鞘淡褐色。叶短于秆，宽2~3（5）mm，边缘粗糙，质硬；小穗2~5，上部的接近，下部的疏离，顶生小穗雄性，长圆形；侧生小穗雌性，长圆形或长圆状卵形，稀圆柱形，长0.6~1.5（2）cm，花稍密生；雌花鳞片长圆形或倒卵状长圆形，先端平截或圆；果囊倒卵形，钝三棱状；小坚果紧包于果囊中，卵形；花柱基部圆锥状，柱头3。生于山坡草地、路边、山谷沟边，海拔470~2300m。

十字薹草

学名：*Carex cruciata* Wahlenb.

莎草科 Cyperaceae 薹草属 *Carex*

秆丛生，高40~90cm。枝先出叶囊状，内无花，背面有数脉，被短粗毛。叶基生和秆生，平展，宽0.4~1.3cm，基部具暗褐色宿存叶鞘。小穗多数，全部从枝先出叶中生出，横展，长0.5~1.2cm，两性，雄雌顺序；雄花部分与雌花部分近等长；雌花鳞片卵形，长约2mm，先端具直伸短芒，膜质，淡褐白色，密生棕褐色点和短线，3脉；根状茎粗壮，木质，斜升，上端有密集的枯叶，有莲座状叶丛和密集丛生的花茎和不育茎。生于林边或沟边草地、路旁、火烧迹地，海拔330~2500m。

油茶

学名：*Camellia oleifera* Abel.
俗名：野油茶、山油茶、单籽油茶

山茶科 Theaceae 山茶属 *Camellia*

小乔木或灌木状。幼枝被粗毛。叶革质，椭圆形或倒卵形，长5~7cm，先端钝尖，基部楔形，下面中脉被长毛，侧脉5~6对，具细齿；叶柄长4~8mm，被粗毛。花顶生，苞片及萼片约10，革质，宽卵形；花瓣白色，5~7，倒卵形，先端四缺或2裂；雄蕊花丝近离生，或具短花丝筒；花柱顶端3裂。蒴果球形，径2~5cm，（1）3室，每1~2种子。主要木本油料作物。

垂序商陆

学名：*Phytolacca americana* L.
俗名：美商陆、美洲商陆、美国商陆、洋商陆、见肿消、红籽

商陆科 Phytolaccaceae 商陆属 *Phytolacca*

多年生草本，高达2m。茎圆柱形，有时带紫红色。叶椭圆状卵形或卵状披针形，先端尖，基部楔形。总状花序顶生或与叶对生，纤细，花较稀少；花白色，微带红晕，花被片5，雄蕊、心皮及花柱均为10，心皮连合。果序下垂，浆果扁球形，紫黑色；种子肾圆形。原产北美，现我国多地逸生。根供药用，治水肿、白带、风湿，并有催吐作用；种子利尿；叶有解热作用，并治脚气。

荠

学名：*Capsella bursapastoris*（L.）Medic.
俗名：地米菜、芥、荠菜

十字花科 Brassicaceae 荠属 *Capsella*

一年生或二年生草本。基生叶丛生呈莲座状，大头羽状分裂，顶裂片卵形至长圆形，侧裂片长圆形至卵形；茎生叶窄披针形或披针形，基部箭形，抱茎，边缘有缺刻或锯齿。总状花序顶生及腋生，萼片长圆形，花瓣白色，卵形，有短爪。短角果倒三角形或倒心状三角形，扁平，顶端微凹；种子2行，长椭圆形，浅褐色。生于山坡、田边及路旁。全草入药，有利尿、止血、清热、明目、消积功效；茎叶作蔬菜食用。

萝卜

学名：*Raphanus sativus* L.
俗名：菜头、白萝卜、莱菔、莱菔子、水萝卜、蓝花子

十字花科 Brassicaceae 萝卜属 *Raphanus*

二年生或一年生草本。根肉质，长圆形、球形或圆锥形，外皮白色、红色或绿色。茎高1m，分枝，被粉霜。基生叶和下部叶大头羽状分裂，长8~30cm，顶裂片卵形，侧裂片2~6对，向基部渐小，长圆形，有锯齿，疏被单毛或无毛；上部叶长圆形或披针形，有锯齿或近全缘。总状花序顶生或腋生；萼片长圆形，长5~7mm；花瓣白色、粉红色或淡红紫色，有紫色纹，倒卵形。长角果圆柱形；种子1~6，卵圆形，红棕色。全国各地普遍栽培。根作蔬菜食用，种子、鲜根、枯根、叶皆入药。

弯曲碎米荠

学名：*Cardamine flexuosa* With.
俗名：高山碎米荠、卵叶弯曲碎米荠、柔弯曲碎米荠、峨眉碎米荠

十字花科 Brassicaceae 碎米荠属 *Cardamine*

一年生或二年生草本，高达30cm。茎较曲折，基部分枝。羽状复叶；基生叶有柄，叶柄常无缘毛，顶生小叶菱状卵形或倒卵形，先端不裂或1~3裂，基部宽楔形，有柄，侧生小叶2~7对，较小，1~3裂，有柄；茎生叶的小叶2~5对，倒卵形或窄倒卵形，1~3裂或全缘，有或无柄，叶两面近无毛。花序顶生；萼片长约2.5mm；花瓣白色，倒卵状楔形，长约3.5mm；雄蕊6，稀5，花丝细；柱头扁球形。果序轴成“之”字形曲折；长角果长1.2~2.5cm；种子长约1mm，顶端有极窄的翅。生于田边、路旁及草地。全草入药，能清热、利湿、健胃、止泻。

诸葛菜

学名：*Orychophragmus violaceus*（L.）O. E. Schulz
俗名：二月蓝、紫金菜、菜子花、短梗南芥、毛果诸葛菜、缺刻叶诸葛菜、湖北诸葛菜

十字花科 Brassicaceae 诸葛菜属 *Orychophragmus*

一年生或二年生草本，高达50cm。主根圆锥状。茎直立，单一或上部分枝。基生叶心形，锯齿不整齐，柄长7~9cm；下部茎生叶大头羽状深裂或全裂，顶裂片卵形或三角状卵形，长3~7cm，全缘、有牙齿、钝齿或缺刻，基部心形，有不规则钝齿；上部叶长圆形或窄卵形，长4~9cm，基部耳状抱茎，锯齿不整齐。花紫色或白色；萼片长达1.6cm，紫色；花瓣宽倒卵形。长角果线形，长7~10cm，具4棱；种子卵圆形或长圆形，黑棕色，有纵条纹。生于平原、山地、路旁或地边。嫩茎叶可炒食，种子可榨油。

韭莲

学名：*Zephyranthes carinata* Herbert

石蒜科 Amaryllidaceae 葱莲属 *Zephyranthes*

多年生草本。鳞茎卵球形，径2~3cm。基生叶常数枚簇生，线形，扁平，长15~30cm，宽6~8mm。花单生于花茎顶端，下有佛焰苞状总苞，总苞片常带淡紫红色，长4~5cm，下部合生成管；花梗长2~3cm；花玫瑰红色或粉红色；花被管长1~2.5cm，花被裂片6，裂片倒卵形，顶端略尖，长3~6cm；雄蕊6，长约为花被的2/3~4/5，花药丁字形着生；子房下位，3室，胚珠多数，花柱细长，柱头深3裂。蒴果近球形；种子黑色。栽培供观赏。

鹅肠菜

学名：*Stellaria aquatica*（L.）Scop.

俗名：鹅儿肠、大鹅儿肠、石灰菜、鹅肠草、牛繁缕

石竹科 Caryophyllaceae 繁缕属 *Stellaria*

多年生草本，高达80cm。茎外倾或上升，上部被腺毛。叶对生，卵形，长2.5~5.5cm，先端尖，基部近圆或稍心形，边缘波状；叶柄长0.5~1cm，上部叶常无柄。花白色，一歧聚伞花序顶生或腋生，苞片叶状，边缘具腺毛；花梗细，长1~2cm，密被腺毛；萼片5，卵状披针形；花瓣5，2深裂至基部，裂片披针形；雄蕊10；子房1室，花柱5，线形。蒴果卵圆形；种子扁肾圆形，具小疣。生于海拔350~2700m的河流两旁冲积沙地的低湿处或灌丛林缘和水沟旁。全草供药用，祛风解毒，外敷治疖疮；幼苗可作野菜和饲料。

球序卷耳

学名：*Cerastium glomeratum* Thuill.
俗名：圆序卷耳、婆婆指甲菜

石竹科 Caryophyllaceae 卷耳属 *Cerastium*

一年生草本，高达20cm。茎密被长柔毛，上部兼有腺毛。下部叶匙形，上部叶倒卵状椭圆形，长1.5~2.5cm，基部渐窄成短柄，两面被长柔毛，具缘毛。聚伞花序密集成头状，花序梗密被腺柔毛；苞片卵状椭圆形，密被柔毛；花梗长1~3mm，密被柔毛；萼片5，披针形，长约4mm，密被长腺毛，花瓣5，白色，长圆形，先端2裂，基部疏被柔毛；花柱5。蒴果长圆筒形，长于宿萼，具10齿；种子褐色，扁三角形，具小疣。生于山坡草地。

长叶冻绿

学名：*Frangula crenata*（Siebold & Zucc.）Miq.
俗名：钝齿鼠李、苦李根、水冻绿、山黄、过路黄、山黑子、绿篱柴、山绿篱、绿柴、冻绿、长叶绿柴、黄药

鼠李科 Rhamnaceae 鼠李属 *Frangula*

落叶灌木或小乔木，高达7m。顶芽裸露。幼枝带红色，被毛，后脱落，小枝疏被柔毛。叶纸质，倒卵状椭圆形、椭圆形或倒卵形，稀倒披针状椭圆形或长圆形，长4~14cm，先端渐尖，尾尖或骤短尖，基部楔形或钝，具圆齿状齿或细锯齿；叶柄长0.4~1（1.2）cm，密被柔毛。花瓣近圆形，顶端2裂；雄蕊与花瓣等长而短于萼片；子房球形，花柱不裂。核果球形或倒卵状球形，绿色或红色，熟时黑色或紫黑色，具3分核，各有1种子，种子背面无沟。

多叶勾儿茶

学名：*Berchemia polyphylla* Wall. ex Laws.
俗名：金刚藤、小通花

鼠李科 Rhamnaceae 勾儿茶属 *Berchemia*

藤状灌木。小枝被柔毛。叶卵状椭圆形、卵状长圆形或椭圆形，长1.5~4.5cm，先端圆或钝，稀尖，常有小尖头，基部圆，稀宽楔形；叶柄长3~6mm，托叶披针状钻形。花淡绿色或白色，无毛，2~10朵簇生成具短总梗的聚伞总状，稀下部具短分枝的窄聚伞圆锥花序，花序顶生，长达7cm，花序轴被柔毛；花瓣近圆形。核果圆柱形，长7~9mm，顶端尖，熟时红色，后黑色，花盘和萼筒宿存；果柄长3~6mm。常生于山地灌丛或林中，海拔300~1900m。全株入药，治淋巴腺结核。

牯岭勾儿茶

学名：*Berchemia kulingensis* Schneid.
俗名：小叶勾儿茶、勾儿茶、青藤、熊柳、大叶铁包金

鼠李科 Rhamnaceae 勾儿茶属 *Berchemia*

藤状或攀缘灌木，高达3m。小枝平展，变黄色，无毛，后变淡褐色。叶纸质，卵状椭圆形或卵状矩圆形，顶端钝圆或锐尖，具小尖头，基部圆形或近心形；叶柄长6~10mm，无毛；托叶披针形。花绿色，无毛，通常2~3个簇生排成近无梗或具短总梗的疏散聚伞总状花序，或稀窄聚伞圆锥花序；花芽圆球形，顶端收缩成渐尖；萼片三角形，顶端渐尖，边缘被疏缘毛；花瓣倒卵形，稍长。核果长圆柱形，红色，成熟时黑紫色。生于山谷灌丛、林缘或林中，海拔300~2150m。根药用，治风湿痛。

黄独

学名：*Dioscorea bulbifera* L.

薯蓣科 Dioscoreaceae 薯蓣属 *Dioscorea*

缠绕草质藤本。块茎卵圆形或梨形，近于地面，棕褐色，密生细长须根。茎左旋，淡绿或稍带红紫色。叶腋有紫棕色、球形或卵圆形，具圆形斑点的珠芽；单叶互生，宽卵状心形或卵状心形，长15~26cm，先端尾尖，全缘或边缘微波状。雄花序穗状，下垂，常数序簇生叶腋，有时分枝呈圆锥状；雄花花被片披针形，鲜时紫色；基部有卵形苞片2；雌花序与雄花序相似，常2至数序簇生叶腋；退化雄蕊6，长约为花被片1/4。蒴果反曲下垂，三棱状长圆形；种子深褐色，扁卵形，种翅栗褐色。多生于河谷边、山谷阴沟或杂木林边缘。块茎入药。

薯蓣

学名：*Dioscorea polystachya* Turczaninow
俗名：山药、淮山、面山药、野脚板薯、野山豆、野山药

薯蓣科 Dioscoreaceae 薯蓣属 *Dioscorea*

缠绕草质藤本。块茎长圆柱形，垂直生长，长达1m多，断面干后白色。叶在茎下部互生，在中上部有时对生，稀3叶轮生，卵状三角形、宽卵形或戟形，先端渐尖，基部深心形、宽心形或近平截，边缘常3浅裂至深裂，中裂片椭圆形或披针形，侧裂片长圆形或圆耳形。雄花序为穗状花序，2~8序生于叶腋，稀呈圆锥状，花序轴呈“之”字状；雄蕊6；雌花序为穗状花序，1~3序生于叶腋。蒴果不反折，三棱状扁圆形或三棱状圆形，有白粉；每室种子着生果轴中部。生于山坡、山谷林下，溪边、路旁的灌丛中或杂草中，海拔150~1500m。块茎为常用中药“淮山药”，有强壮、祛痰的功效；又能食用。

地耳草

学名：*Hypericum japonicum* Thunb. ex Murray
俗名：田基黄

藤黄科 Guttiferae 金丝桃属 *Hypericum*

一年生或多年生草本。叶卵形、卵状三角形、长圆形或椭圆形，长0.2~1.8cm，宽0.1~1cm，先端尖或圆，基部心形抱茎至平截，基脉1~3，侧脉1~2对；无柄。花径4~8mm，平展；萼片窄长圆形、披针形或椭圆形，长2~5.5mm；花冠白色、淡黄色至橙黄色，花瓣椭圆形，长2~5mm，先端钝，无腺点，宿存；雄蕊5~30，不成束，宿存；子房1室，花柱（2）3，离生。蒴果短圆柱形或球形，长2.5~6mm，无腺纹。生于田边、沟边、草地以及撂荒地，海拔可达2800m。全草入药，能清热解毒、止血消肿，治肝炎、跌打损伤以及疮毒。

赶山鞭

学名：*Hypericum attenuatum* Choisy

藤黄科 Guttiferae 金丝桃属 *Hypericum*

多年生草本。茎疏被黑色腺点。叶卵状长圆形、卵状披针形或长圆状倒卵形，长（0.8）1.5~2.5（3.8）cm，先端钝或渐尖，基部渐窄或微心形，微抱茎，无柄，侧脉2对。近伞房状或圆锥状花序顶生，萼片卵状披针形，散生黑色腺点，花瓣宿存，淡黄色，长圆状倒卵形，疏被黑腺点；雄蕊3束，每束具雄蕊约30枚，花柱3，基部离生。蒴果卵球形或长圆状卵球形，具条状腺斑。生于田野、半湿草地、草原、山坡草地、石砾地、草丛、林内及林缘等处，海拔在1100m以下。全草代茶叶用；全草可入药，治跌打损伤或煎服作蛇药用。

黄海棠

学名：*Hypericum ascyron* L.
俗名：长柱金丝桃、短柱金丝桃

藤黄科 Guttiferae 金丝桃属 *Hypericum*

多年生草本。叶披针形、长圆状披针形、长圆状卵形或椭圆形，长（2）4~10cm，基部楔形或心形，抱茎，无柄，下面疏被淡色腺点。花序近伞房状或窄圆锥状，具1~35花，顶生；花径（2.5）3~8cm，平展或外弯；花梗长0.5~3cm；花瓣金黄色，倒披针形，长1.5~4cm，极弯曲，宿存；雄蕊5束，每束具雄蕊约30；花柱5，4/5分离。蒴果卵球形或卵球状三角形，长0.9~2.2cm，深褐色。生于山坡林下、林缘、灌丛间、草丛或草甸中、溪旁及河岸湿地等处，海拔可达2800m。全草药用，栲胶原料，叶作茶叶代用品饮用，可供观赏。

金丝梅

学名：*Hypericum patulum* Thunb. ex Murray
俗名：土连翘

藤黄科 Guttiferae 金丝桃属 *Hypericum*

丛状。茎开展，具2棱。叶披针形、长圆状披针形、卵形或长圆状卵形，长1.5~6cm，先端钝或圆，具小突尖，基部宽楔形，下面微苍白色，侧脉3对；叶柄长0.5~2mm。花序具1~15花，伞房状；花蕾宽卵珠形，先端钝形；花瓣金黄色，无红晕，多少内弯，长圆状倒卵形至宽倒卵形；雄蕊5束，每束有雄蕊50~70枚，最长者长7~12mm，花药亮黄色；子房多少呈宽卵珠形。蒴果宽卵形，长0.9~1.1cm。生于山坡或山谷的疏林下、路旁或灌丛中，海拔（300）450~2400m。花供观赏；根药用，能舒筋活血、催乳、利尿。

金丝桃

学名：*Hypericum monogynum* L.

藤黄科 Guttiferae 金丝桃属 *Hypericum*

灌木，高达1.3m。叶倒披针形、椭圆形或长圆形，稀披针形或卵状三角形，具小突尖，基部楔形或圆形，上部叶有时平截至心形，侧脉4~6对，网脉密，明显；近无柄。花序近伞房状，具1~15（30）花；花径3~6.5cm，星状；花梗长0.8~2.8（5）cm；花瓣金黄色或橙黄色，三角状倒卵形，长1~2cm，无腺体；雄蕊5束；花柱长为子房3.5~5倍，合生近顶部。蒴果宽卵球形，稀卵状圆锥形或近球形，长0.6~1cm，径4~7mm。生于山坡、路旁或灌丛中，沿海地区海拔可达150m，在山地上升至1500m。花美丽，供观赏；果实及根供药用，果作连翘代用品。

密腺小连翘

学名：*Hypericum seniawinii* Maximowicz

藤黄科 Guttiferae 金丝桃属 *Hypericum*

多年生草本。叶长圆状披针形或长圆形，长（1.5）2~3cm，宽0.6~1.3cm，先端钝，基部浅心形，微抱茎，边缘疏生黑腺点，侧脉约3对；近无柄。多花三歧状聚伞花序；花径约9mm；花梗长1~2mm；萼片长圆状披针形，长2.5~3.5mm，先端锐尖，被透明腺条，边缘疏生黑腺点，花瓣窄长圆形，上部及边缘疏，黑腺点，宿存；雄蕊3束，每束8~10雄蕊；花柱3，自基部分离叉开。蒴果卵球形，长约5mm，褐色，密被腺条纹。生于山坡、草地及田埂上，海拔500~1600m。

半夏

学名：*Pinellia ternata*（Thunb.）Breit.

天南星科 Araceae 半夏属 *Pinellia*

块茎圆球形，径1~2cm。叶2~5；幼叶卵状心形或戟形，全缘，长2~3cm，老株叶3全裂，裂片绿色，长圆状椭圆形或披针形；叶柄长15~20cm，基部具鞘，鞘内、鞘部以上或叶片基部（叶柄顶端）有径3~5mm的珠芽。花序梗长25~30（35）cm；佛焰苞绿色或绿白色，管部窄圆柱形；雌肉穗花序长2cm，雄花序长5~7mm，间隔33mm。浆果卵圆形，黄绿色，花柱宿存。常见于海拔2500m以下草坡、荒地、玉米地、田边或疏林下。块茎入药，有毒，能燥湿化痰、降逆止呕，生用消疖肿。

一把伞南星

学名：*Arisaema erubescens*（Wall.）Schott
俗名：洱海南星、溪南山南星、台南星、基隆南星、短柄南星

天南星科 Araceae 天南星属 *Arisaema*

块茎扁球形，径达6cm。鳞叶绿白色或粉红色，有紫褐色斑纹；叶1，极稀2；叶放射状分裂，幼株裂片3~4，多年生植株裂片多至20，披针形、长圆形或椭圆形，无柄，长（6）8~24cm，长渐尖，具线形长尾或无；叶柄长40~80cm，中部以下具鞘，红色或深绿色，具褐色斑块。佛焰苞绿色，背面有白色或淡紫色条纹；雄肉穗花序花密，雄花淡绿至暗褐色，雄蕊2~4，附属器下部光滑；雌花序附属器棒状或圆柱形。浆果红色，种子1~2；种子近球形，径约3mm。生于海拔3200m以下的林下、灌丛、草坡、荒地。块茎入药。

短梗南蛇藤

学名：*Celastrus rosthornianus* Loes.

卫矛科 Celastraceae 南蛇藤属 *Celastrus*

藤状灌木。叶椭圆形或倒卵状椭圆形，长3.5~9cm，宽1.5~4.5cm，先端骤尖或短渐尖，基部楔形或宽楔形，具疏浅锯齿或基部近全缘，侧脉4~6对；叶柄长5~8mm。顶生总状聚伞花序，长2~4cm，腋生花序短小，具1至数花，花序梗短；雄花萼片长圆形，长约1mm，边缘啮蚀状；花瓣近长圆形，长3~3.5mm；花盘浅裂；雄蕊较花冠稍短；退化雌蕊细小；雌花中子房球形，柱头3裂，每裂再2深裂；退化雄蕊长1~1.5mm。蒴果近球形，径5.5~8mm，平滑；种子宽椭圆形，长3~4mm。生于海拔500~1800m山坡林缘和丛林下。茎皮纤维质量较好；根皮入药，治蛇咬伤及肿毒；树皮及叶作农药。

苦皮藤

学名：*Celastrus angulatus* Maxim.

卫矛科 Celastraceae 南蛇藤属 *Celastrus*

藤状灌木。小枝常具4~6纵棱，皮孔密生。叶长圆状宽椭圆形、宽卵形或圆形，长7~17cm，宽5~13cm，先端圆，具渐尖头，基部圆，具钝锯齿，两面无毛，稀下面主侧脉被柔毛，侧脉5~7对；叶柄长1.5~3cm。聚伞圆锥花序顶生，花梗短，关节在顶部，花萼裂片三角形或卵形，花瓣长圆形，边缘不整齐，花盘肉质；雄花雄蕊生于花盘之下，具退化雌蕊；雌花子房球形，柱头反曲，具退化雌蕊。蒴果近球形，径0.8~1cm；种子椭圆形。生于海拔1000~2500m山地丛林及山坡灌丛中。可作纤维及油脂原料，根茎皮可作杀虫及杀菌剂。

车桑子

学名：*Dodonaea viscosa*（L.）Jacq.
俗名：明油子坡柳

无患子科 Sapindaceae 车桑子属 *Dodonaea*

灌木或小乔木，高1~3m或更高。小枝扁，有狭翅或棱角，覆有胶状黏液。单叶，纸质，形状和大小变异很大，线形、线状匙形、线状披针形、倒披针形或长圆形，顶端短尖、钝或圆，全缘或不明显的浅波状。花序顶生或在小枝上部腋生；雄蕊7或8，花丝长不及1mm，花药长2.5mm，内屈，有腺点；子房椭圆形，外面有胶状黏液，2或3室，花柱长约6mm，顶端2或3深裂。蒴果倒心形或扁球形，2或3翅；种子每室1或2粒，透镜状，黑色。常生于干旱山坡、旷地或海边的沙土上。固沙保土树种；种子油供照明和作肥皂，亦可入药。

喜旱莲子草

学名：*Alternanthera philoxeroides*（Mart.）Griseb.
俗名：空心莲子草、水花生、革命草、水蕹菜、空心苋、长梗满天星、空心莲子菜

苋科 Amaranthaceae 莲子草属 *Alternanthera*

多年生草本。茎匍匐，上部上升，长达1.2m，具分枝，幼茎及叶腋被白色或锈色柔毛，老时无毛。叶长圆形、长圆状倒卵形或倒卵状披针形，长2.5~5cm，先端尖或圆钝，具短尖，基部渐窄，全缘，两面无毛或上面被平伏毛，下面具颗粒状突起；叶柄长0.3~1cm。头状花序具花序梗，单生叶腋，白色花被片长圆形，花丝基部连成杯状，子房倒卵形，具短柄。生于在池沼、水沟内。全草入药，有清热利水、凉血解毒之功效；可作饲料。

牛膝

学名：*Achyranthes bidentata* Blume
俗名：牛磕膝、倒扣草、怀牛膝

苋科 Amaranthaceae 牛膝属 *Achyranthes*

多年生草本，高达1.2m。茎有棱角或四方形；几无毛，节部膝状膨大，有分枝。叶片椭圆形或椭圆披针形，顶端尾尖，基部楔形或宽楔形。花被片5，绿色；雄蕊5，基部合生，退化雄蕊顶端平圆，具缺刻状细齿。胞果矩圆形，黄褐色，光滑；种子矩圆形，黄褐色。生于山坡林下，海拔200~1750m。根入药，生用，活血通经；熟用，补肝肾，强腰膝；兽医用作治牛软脚症、跌伤断骨等。

青葙

学名：*Celosia argentea* L.
俗名：狗尾草、百日红、鸡冠花、野鸡冠花、指天笔、海南青葙

苋科 Amaranthaceae 青葙属 *Celosia*

一年生草本，高达1m，全株无毛。叶长圆状披针形、披针形或披针状条形，长5~8cm，宽1~3cm，绿色常带红色，先端尖或渐尖，具小芒尖，基部渐窄。叶柄长0.2~1.5cm，或无叶柄。塔状或圆柱状穗状花序不分枝，长3~10cm；苞片及小苞片披针形，白色，先端渐尖成细芒，具中脉；花被片长圆状披针形，长0.6~1cm，花初为白色顶端带红色，或全部粉红色，后白色；花丝长2.5~3mm，花药紫色；花柱紫色，长3~5mm。胞果卵形；种子肾形，扁平，双凸。分布几遍全国。种子供药用，有清热明目作用；可供观赏；可作野菜食用；全植物可作饲料。

绿穗苋

学名：*Amaranthus hybridus* L.
俗名：台湾苋

苋科 Amaranthaceae 苋属 *Amaranthus*

一年生草本，高达50cm。茎分枝，上部近弯曲，被柔毛。叶卵形或菱状卵形，长3~4.5cm，先端尖或微凹，具凸尖，基部楔形，叶缘波状或具不明显锯齿，微粗糙，上面近无毛，下面疏被柔毛；叶柄长1~2.5cm，被柔毛。穗状圆锥花序顶生，细长，有分枝，中间花穗最长；苞片钻状披针形，长3.5~4mm，中脉绿色，伸出成尖芒；花被片长圆状披针形，长约2mm，先端锐尖，具凸尖，中脉绿色；雄蕊和花被片近等长或稍长；柱头3。胞果卵形，长2mm；种子近球形，径约1mm，黑色。生于田野、旷地或山坡，海拔400~1100m。

千穗谷

学名：*Amaranthus hypochondriacus* L.

苋科 Amaranthaceae 苋属 *Amaranthus*

一年生草本，高20~80cm。茎绿色或紫红色，分枝，无毛或上部微有柔毛。叶片菱状卵形或矩圆状披针形，长3~10cm，宽1.5~3.5cm，顶端急尖或短渐尖，具凸尖，基部楔形，全缘或波状缘，上面常带紫色；叶柄长1~7.5cm，无毛。圆锥花序顶生，直立，圆柱形，长达25cm，径1~2.5cm，不分枝或分枝，由多数穗状花序形成，侧生穗较短，可达6cm，花簇在花序上排列极密。胞果近菱状卵形，长3~4mm，环状横裂，绿色，上部带紫色，超出宿存花被；种子近球形，径约1mm，白色，边缘锐。

水烛

学名：*Typha angustifolia* L.
俗名：蜡烛草

香蒲科 Typhaceae 香蒲属 *Typha*

地上茎直立，粗壮，高约1.5~2.5（3）m。根状茎乳黄色、灰黄色，先端白色。叶片长54~120cm，宽0.4~0.9cm，上部扁平，中部以下腹面微凹，背面向下逐渐隆起呈凸形，下部横切面呈半圆形；叶鞘抱茎。雌雄花序相距2.5~6.9cm；雄花序轴具褐色扁柔毛，单出或分叉；叶状苞片1~3枚，花后脱落；雌花序长15~30cm。小坚果长椭圆形，长约1.5mm，具褐色斑点，纵裂；种子深褐色，长约1~1.2mm。生于湖泊、河流、池塘浅水处，水深稀达1m或更深，沼泽、沟渠亦常见。蒲黄入药，叶片用于编织、造纸等，幼叶基部和根状茎先端可作蔬食。

豪猪刺

学名：*Berberis julianae* Schneid.
俗名：拟变缘小檗、三棵针

小檗科 Berberidaceae 小檗属 *Berberis*

常绿灌木，高1~3m。老枝黄褐色或灰褐色，幼枝淡黄色。茎刺粗壮，长1~4cm。叶革质，椭圆形，披针形或倒披针形，先端渐尖，基部楔形，上面深绿色，中脉凹陷，侧脉微显；叶柄长1~4mm。花10~25朵簇生；花梗长8~15mm；花黄色；小苞片卵形，先端急尖；萼片2轮；花瓣长圆状椭圆形，先端缺裂，基部缢缩呈爪，具2枚长圆形腺体；胚珠单生。浆果长圆形，蓝黑色，顶端具明显宿存花柱，被白粉。生于山坡、沟边、林中、林缘、灌丛中或竹林中，海拔1100~2100m。可供药用，有清热解毒、消炎抗菌之功效；根可作黄色染料。

金花小檗

学名：*Berberis wilsoniae* Hemsley
俗名：小叶小檗

小檗科 Berberidaceae 小檗属 *Berberis*

半常绿灌木，高约1m。老枝棕灰色，幼枝暗红色。茎刺细弱，三分叉，淡黄色或淡紫红色。叶革质，倒卵形或倒卵状匙形或倒披针形，先端圆钝或近急尖，有时短尖，基部楔形；近无柄。花金黄色；小苞片卵形；萼片2轮，外萼片卵形；花瓣倒卵形，先端缺裂，裂片近急尖；雄蕊长约3mm，药隔先端钝尖；胚珠3~5。浆果近球形，粉红色，顶端具明显宿存花柱，微被白粉。生于海拔1000~4000m的山坡、灌丛中、石山、河滩、路边、松林、栎林林缘或沟边。

长叶蝴蝶草

学名：*Torenia asiatica* L.
俗名：光叶蝴蝶草

玄参科 Scrophulariaceae 蝴蝶草属 *Torenia*

一年生草本。茎多分枝，分枝细长。叶具长0.3~0.5cm之柄；叶片卵形或卵状披针形，两面疏被短糙毛，边缘具带短尖的锯齿或圆锯齿，先端渐尖或稀为急尖，基部近于圆形，多少下延。花单生于分枝顶部叶腋或顶生，排成伞形花序；萼狭长，长1.5~2cm，宽约4mm；萼齿2枚，长三角形，先端渐尖；花冠长3~3.5cm，暗紫色；上唇倒卵圆形；下唇三裂片近于圆形，各有1蓝色斑块。蒴果长1~1.3cm；种子小，黄色。生于海拔1100~1800m沟边湿润处。

单色蝴蝶草

学名：*Torenia concolor*
俗名：倒地蜈蚣

玄参科 Scrophulariaceae 蝴蝶草属 *Torenia*

匍匐草本。茎具4棱，节上生根分枝上升或直立。叶三角状卵形或长卵形，稀卵圆形，长1~4cm，先端钝或急尖，基部宽楔形或近截形，边缘具锯齿或具带短尖的圆锯齿；叶柄长0.2~1cm。花单朵腋生或顶生，稀排成伞形花序；花梗长2~3.5cm；花萼萼齿2枚，长三角形，果实成熟时裂成5枚小齿；花冠长2.5~3.9cm，其超出萼齿部分长1.1~2.1cm，蓝色或蓝紫色；前方1对花丝各具1枚长2~4mm的线状附属物。生于林下、山谷及路旁。

轮叶马先蒿

学名：*Pedicularis verticillata* L.

玄参科 Scrophulariaceae 马先蒿属 *Pedicularis*

多年生草本，高达35cm。茎自根颈丛生，具毛线4条。基生叶柄长达3cm，叶长圆形或线状披针形，长2.5~3cm，羽状深裂或全裂，裂片有缺刻状齿，齿端有白色胼胝；茎叶常4枚轮生，柄短或近无，叶较短宽。花序总状，花轮生；苞片叶状；花萼球状卵圆形，常红色，密被长柔毛；花冠紫红色，冠筒近基部直角前曲，由萼裂口中伸出，上唇略镰状弓曲，长约5mm，额部圆，下缘端微有凸尖；下唇与上唇近等长，裂片有红脉。蒴果披针形，顶端渐尖。生于海拔2100~3350m的湿润处，在北极则生于海岸及冻原中。

扭盔马先蒿

学名：*Pedicularis davidii* Franch.
俗名：大卫氏马先蒿

玄参科 Scrophulariaceae 马先蒿属 *Pedicularis*

多年生草本，高达30（~50）cm，密被短毛。茎单出或3~4条生于根颈。基生叶常早落，下部叶多假对生，上部叶互生；叶卵状长圆形或披针状长圆形，向上渐小，上部为苞片，羽状全裂，裂片9~14对，羽状浅裂或半裂，有重锯齿。总状花序顶生，长达18余cm；花萼长5~6mm；花冠紫色或红色，长1.2~1.6cm，上唇直立部分扭旋两整转，扭折，喙细长，卷成半环形或略“S”形，指向后方，下唇大，有缘毛；花丝均被毛。蒴果窄卵形或卵状披针形，长约1cm。生于海拔1750~3500m的沟边、路旁及草坡上。

鸭首马先蒿

学名：*Pedicularis anas* Maxim.

玄参科 Scrophulariaceae 马先蒿属 *Pedicularis*

多年生草本，高达30（~40）cm，少毛。茎紫黑色。基出叶叶柄长达2.5cm，无毛；叶长圆状卵形或线状披针形，羽状全裂，裂片7~11对，羽状浅裂或半裂，具刺尖锯齿，两面均无毛。花序头状或穗状；花萼卵圆形膨臌，萼齿5；花冠紫色或下唇浅黄色，上唇暗紫红色，冠筒长约7mm，近基部膝曲；花丝均无毛。蒴果三角状披针形，长达1.8cm，锐尖头，约2/5为宿萼所包。生于海拔3000~4300m的高山草地中。

阿拉伯婆婆纳

学名：*Veronica persica* Poir.
俗名：波斯婆婆纳、肾子草

玄参科 Scrophulariaceae 婆婆纳属 *Veronica*

铺散多分枝草本，高达50cm。茎密生两列柔毛。叶2~4对；卵形或圆形，长0.6~2cm，基部浅心形，平截或浑圆，边缘具钝齿，两面疏生柔毛；具短柄。总状花序很长，苞片互生，与叶同形近等大，花萼果期增大，裂片卵状披针形，花冠蓝色、紫色或蓝紫色，裂片卵形或圆形；雄蕊短于花冠。蒴果肾形，宿存花柱超出凹口；种子背面具深横纹。归化的路边及荒野杂草。

阴行草

学名：*Siphonostegia chinensis* Benth.
俗名：刘寄奴

玄参科 Scrophulariaceae 阴行草属 *Siphonostegia*

一年生草本，高达60（~80）cm，密被锈色毛。茎单条，基部常有少数膜质鳞片。枝1~6对，细长，坚挺。叶对生，厚纸质，宽卵形，一回羽状全裂，裂片约3对，小裂片1~3，线形。花对生于茎枝上部；苞片叶状；花梗短，有2小苞片；花萼筒长1~1.5cm，主脉10条粗，凸起，脉间凹入成沟，萼齿5，长为萼筒1/4~1/3；花冠长2.2~2.5cm，上唇红紫色，下唇黄色，上唇背部被长纤毛，下唇褶襞瓣状；雄蕊2强，花丝基部被毛。蒴果长约1.5cm，黑褐色；种子黑色。生于海拔800~3400m的干山坡与草地中。

大叶醉鱼草

学名：*Buddleja davidii* Fr.
俗名：大卫醉鱼草

玄参科 Scrophulariaceae 醉鱼草属 *Buddleja*

灌木，高达5m。幼枝、叶下面及花序均密被白色星状毛。叶对生，膜质或薄纸质，卵形或披针形，长1~20cm，宽0.3~7.5cm，先端渐尖，基部楔形，具细齿。总状或圆锥状聚伞花序顶生，长4~30cm；花冠淡紫色、黄白色至白色，喉部橙黄色，芳香，花冠筒长0.6~1.1cm；雄蕊着生花冠筒内壁中部。蒴果长圆形或窄卵圆形，长5~9mm，2瓣裂，无毛，花萼宿存；种子长椭圆形，长2~4mm，两端具长翅。生于海拔800~3000m山坡、沟边灌木丛中。全株供药用，有祛风散寒、止咳、消积止痛之效；花可提制芳香油。

醉鱼草

学名：*Buddleja lindleyana* Fort.

玄参科 Scrophulariaceae 醉鱼草属 *Buddleja*

直立灌木，高达3m。小枝4棱，具窄翅。叶对生，膜质，卵形、椭圆形或长圆状披针形，长3~11cm，先端渐尖或尾尖，基部宽楔形或圆形，全缘或具波状齿；叶柄长0.2~1.5cm。穗状聚伞花序顶生，长4~40cm；苞片长达1cm；花紫色，芳香；花萼钟状，长约4mm，与花冠均被星状毛及小鳞片；花冠长1.3~2cm，内面被柔毛，花冠筒弯曲，1.1~1.7cm，裂片长约3.5mm；雄蕊着生花冠筒基部。蒴果长圆形或椭圆形；种子小，淡褐色，无翅。生于海拔200~2700m山地路旁、河边灌木丛中或林缘。全株有小毒；花、叶及根供药用，有祛风除湿、止咳化痰、散瘀之功效。

打碗花

学名：*Calystegia hederacea* Wall.
俗名：老母猪草、旋花苦蔓、扶子苗、扶苗、狗儿秧、小旋花、狗耳苗、狗耳丸、喇叭花、钩耳蕨、面根藤、走丝牡丹、扶秧、扶七秧子、兔儿苗、傅斯劳草、富苗秧、兔耳草

旋花科 Convolvulaceae 打碗花属 *Calystegia*

一年生草本，高达30（~40）cm。茎平卧，具细棱。茎基部叶长圆形，长2~3（5.5）cm，先端圆，基部戟形；茎上部叶三角状戟形，侧裂片常2裂，中裂片披针状或卵状三角形；叶柄长1~5cm。花单生叶腋，花梗长2.5~5.5cm；苞片2，卵圆形，长0.8~1cm，包被花萼，宿存；萼片长圆形；花冠漏斗状，粉红色，长2~4cm。蒴果卵圆形，长约1cm；种子黑褐色，被小疣。全国各地均有，从平原至高海拔地方都有生长，为农田、荒地、路旁常见的杂草。根药用，治妇女月经不调，红、白带下。

鼓子花

学名：*Calystegia silvatica* subsp. *orientalis* Brummitt
俗名：旋花

旋花科 Convolvulaceae 打碗花属 *Calystegia*

多年生草本，全体不被毛。茎缠绕，伸长，有细棱。叶形多变，三角状卵形或宽卵形，顶端渐尖或锐尖，基部戟形或心形，全缘或基部稍伸展为具2~3个大齿缺的裂片。花腋生，1朵；苞片宽卵形，顶端锐尖；萼片卵形，顶端渐尖或有时锐尖；花冠通常白色或有时淡红色或紫色，漏斗状，冠檐微裂；雄蕊花丝基部扩大，被小鳞毛；子房无毛，柱头2裂，裂片卵形，扁平。蒴果卵形，为增大宿存的苞片和萼片所包被；种子黑褐色，表面有小疣。生于海拔140~2080（2600）m的路旁、溪边草丛、农田边或山坡林缘。有些地方用根作药，治白带、白浊、疝气、疮疖等。

山土瓜

学名：*Merremia hungaiensis*（Lingelsh. & Borza）R. C. Fang
俗名：地瓜、红土瓜、滇土瓜、野土瓜藤、山萝卜、野红苕

旋花科 Convolvulaceae 鱼黄草属 *Merremia*

多年生缠绕草本。地下具块根，表皮红褐色、暗褐色或肉白色。茎细长，圆柱形，有细棱，大多旋扭，无毛。叶椭圆形、卵形或长圆形，顶端钝，微凹，渐尖或锐尖，具小短尖头，基部钝圆或楔形或微呈心形，边缘微啮蚀状或近全缘；叶柄长0.8~3.5cm，被短柔毛。聚伞花序腋生，花序梗长2~6cm，着生2~3或数朵花；萼片等长；花冠黄色，漏斗状，瓣中带顶端被淡黄色短柔毛；雄蕊稍不等长；子房圆锥状，2室，无毛，柱头2，球形。蒴果长圆形；种子极密被黑褐色茸毛。生于海拔1200~3200m的草坡、山坡灌丛或松林下。

圆叶牵牛

学名：*Ipomoea purpurea* Lam.
俗名：紫花牵牛、打碗花、连簪簪、牵牛花、心叶牵牛、重瓣圆叶牵牛

旋花科 Convolvulaceae 虎掌藤属 *Ipomoea*

一年生缠绕草本。茎被倒向的短柔毛。叶圆心形或宽卵状心形，基部圆，心形，顶端锐尖、骤尖或渐尖，通常全缘，偶有3裂，两面疏或密被刚伏毛。花腋生，单一或2~5朵着生于花序梗顶端成伞形聚伞花序，花序梗比叶柄短或近等长，长4~12cm；苞片线形，长6~7mm，被开展的长硬毛；花冠漏斗状，长4~6cm，紫红色、红色或白色，花冠管通常白色，瓣中带于内面色深，外面色淡；雄蕊与花柱内藏；子房无毛，柱头头状；花盘环状。蒴果近球形；种子卵状三棱形。生于平地以至海拔2800m的田边、路边、宅旁或山谷林内。

石筋草

学名：*Pilea plataniflora* C. H. Wright

荨麻科 Urticaceae 冷水花属 *Pilea*

多年生草本，高达70cm。茎常被灰白色蜡质。叶卵形、卵状披针形、椭圆状披针形、卵状或倒卵状长圆形，先端尾尖或长尾尖，基部常偏斜，圆或浅心形，全缘；叶柄长0.5~7cm，托叶三角形，长1~2mm。花雌雄同株或异株，稀同序；花序聚伞圆锥状，少分枝，雄花序稍长于叶或近等长；雌花序异株时常聚伞圆锥状，花序梗长，团伞花序较密生于花枝。瘦果卵圆形，顶端稍歪斜，有疣点。常生于半阴坡路边灌丛中石上或石缝内，有时生于疏林下湿润处，海拔200~2400m。全草入药，有舒筋活血、消肿和利尿之效。

糯米团

学名：*Gonostegia hirta*（Bl.）Miq.

荨麻科 Urticaceae 糯米团属 *Gonostegia*

多年生草本。茎蔓生、铺地或渐升，上部四棱形。叶对生，宽披针形或窄披针形、窄卵形、稀卵形或椭圆形，长（1.2）3~10cm，宽（0.7）1.2~2.8cm，先端渐尖，基部浅心形或圆，上面疏被伏毛或近无毛，下面脉上疏被毛或近无毛，基脉3~5，叶柄长1~4mm，托叶长2.5mm。花雌雄异株；团伞花序，雄花5基数，花被片倒披针形，雌花花被菱状窄卵形，顶端具2小齿，果期卵形，具10纵肋。瘦果卵球形，白色或黑色，有光泽。生于丘陵或低山林中、灌丛中、沟边草地，海拔100~1000m。茎皮纤维可制人造棉；全草药用，治消化不良、食积胃痛等症；全草可饲猪。

水麻

学名：*Debregeasia orientalis* C. J. Chen

荨麻科 Urticaceae 水麻属 *Debregeasia*

灌木，高达4m。小枝被贴生白色柔毛，后无毛。叶纸质或薄纸质，长圆状披针形或线状披针形，先端渐尖或短，基部圆或宽，具不等细齿。花雌雄异株，稀同株，生于老枝叶腋，二回二歧分枝或二叉分枝，分枝顶端生球状团伞花簇；雄花花被片4，下部合生，裂片三角状卵形；瘦果倒卵圆形，下部渐窄或具短柄，鲜时橙黄色，宿存花被肉质贴生果。常生于溪谷河流两岸潮湿地区，海拔300~2800m。野生纤维植物，果可食，叶可作饲料。

序叶苎麻

学名：*Boehmeria clidemioides* var. *diffusa*（Wedd.）Hand.-Mazz.

荨麻科 Urticaceae 苎麻属 *Boehmeria*

多年生草本或亚灌木。叶互生，或茎下部少数叶对生，同一对叶常不等大；叶片纸质，卵形至长圆形，顶端长渐尖，基部圆形稍偏斜，中部以上具齿。团伞花序单生叶腋，或组成穗状花序，通常雌雄异株，顶部有2~4狭卵形叶；花被片4，椭圆形至狭倒卵形，雄花下部合生，具4雄蕊及退化雌蕊，雌花顶端具小齿。生于丘陵或低山山谷林中、林边、灌丛中、草坡或溪边，海拔300~1700m。四川民间全草或根供药用，治风湿、筋骨痛等症；茎、叶可饲猪。

苎麻

学名：*Boehmeria nivea*（L.）Gaudich.

荨麻科 Urticaceae 苎麻属 *Boehmeria*

亚灌木或灌木，高达1.5m。茎上部与叶柄均密被开展长硬毛和糙毛。叶互生，圆卵形或宽卵形，先端骤尖，基部平截，具齿。圆锥花序腋生，雄团伞花序花少数；雌团伞花序花多数密集；雄花花被片4，合生至中部；雄蕊4。瘦果近球形，基部缢缩成细柄。生于山谷林边或草坡，海拔200~1700m。可作纤维、药用、饲料等，种子可榨油。

蛛丝毛蓝耳草

学名：*Cyanotis arachnoidea* C. B. Clarke
俗名：鸡冠参、露水草、珍珠露水草、鸡舌癀

鸭跖草科 Commelinaceae 蓝耳草属 *Cyanotis*

多年生草本。根须状。主茎短缩。主茎的叶丛生，禾叶状或带状，长8~35cm，宽0.5~1.5cm，上面疏生蛛丝状毛至近无毛，下面常密被毛；可育茎的叶长不及7cm，被蛛丝状毛；叶鞘几密被蛛丝状毛；基生叶莲座状，可育叶生于叶丛下部，披散或匍匐，节上生根，长20~70cm。花无梗；萼片线状披针形；花瓣蓝紫色、蓝色或白色，比萼片长；花丝被蓝色蛛丝状毛。蒴果小，宽长圆状三棱形；种子灰褐色，有小窝孔。生于海拔2700m以下的溪边、山谷湿地及湿润岩石上。根入药，通经活络、除湿止痛，主治风湿关节疼痛。

鸭跖草

学名：*Commelina communis* L.
俗名：淡竹叶、竹叶菜、鸭趾草、挂梁青、鸭儿草、竹芹菜

鸭跖草科 Commelinaceae 鸭跖草属 *Commelina*

一年生披散草本。茎匍匐生根，多分枝，长达1m，下部无毛，上部被短毛。叶披针形或卵状披针形，长3~9cm，宽1.5~2cm。花梗花期长3mm，果期弯曲，长不及6mm；萼片膜质，长约5mm，内面2枚常靠近或合生；花瓣深蓝色，内面2枚具爪，长约1cm。蒴果椭圆形，长5~7mm，2室；种子4，长2~3mm，棕黄色，一端平截，腹面平，有不规则窝孔。常生于湿地。药用，为消肿利尿、清热解毒之良药。

金锦香

学名：*Osbeckia chinensis* L. ex Walp.
俗名：天香炉、马松子、金香炉、细九尺、朝天罐子、昂天巷子、张天缸、细花包、小背笼、杯子草

野牡丹科 Melastomataceae 金锦香属 *Osbeckia*

直立草本或亚灌木，高达60cm。茎四棱形，具紧贴糙伏毛。叶线形或线状披针形，稀卵状披针形，先端急尖，基部钝或近圆形，长2~4（5）cm，全缘，两面被糙伏毛。头状花序顶生，有2~8（10）花，苞片卵形；花4数；萼管常带红色，无毛或具1~5枚刺毛突起；花瓣4，淡紫红色或粉红色，倒卵形，具缘毛；雄蕊常偏向一侧，花丝与花药等长，花药具长喙；子房近球形，无毛。蒴果卵状球形，紫红色。生于海拔1100m以下的荒山草坡、路旁、田地边或疏林下。全草入药，能清热解毒、收敛止血，治痢疾止泻，又能治蛇咬伤。

星毛金锦香

学名：*Osbeckia stellata* Ham. ex D. Don: C. B. Clarke

俗名：响铃果、阔叶金锦香、倒水莲、公石榴、大金钟、线鸡腿、罐子草、高脚红缸、朝天罐、阿不答石、九果根、小尾光叶、张天师、茶罐花、罐罐花、痢疾罐、盅盅花、假朝天罐、朝天罐、湿生金锦香、三叶金锦香、秃金锦香、响铃金锦香、棍毛金锦香

野牡丹科 Melastomataceae 金锦香属 *Osbeckia*

灌木，高达1.5（稀2.5）m。茎四棱形，被平展刺毛。叶长圆状披针形、卵状披针形或椭圆形，先端急尖或近渐尖，基部钝或近心形，长4~9（13）cm，全缘，具缘毛。总状花序顶生，分枝各节有两花，或聚伞花序组成圆锥花序；苞片卵形，具缘毛；花4数；花萼长约2cm，常紫红色或紫黑色；花瓣紫红色，倒卵形，长约1.5cm，具缘毛；花丝与花药等长；子房上部被疏硬毛，顶端有刚毛20~22。蒴果卵圆形。生于海拔约1350m的山坡疏林林缘。

地棯

学名：*Melastoma dodecandrum* Lour.

俗名：地棯、乌地梨、铺地锦、埔淡、地菍

野牡丹科 Melastomataceae 野牡丹属 *Melastoma*

匍匐小灌木，长10~30cm。茎匍匐上升，逐节生根，分枝多，披散，幼时疏被糙伏毛。叶卵形或椭圆形，先端急尖，基部宽楔形，长1~4cm，全缘或具密浅细锯齿；叶柄长2~6（15）mm，被糙伏毛。花萼管长约5mm，被糙伏毛，裂片披针形，疏被糙伏毛，具缘毛，裂片间具1小裂片；花瓣淡紫红色或紫红色，菱状倒卵形，长1.2~2cm，先端有1束刺毛，疏被缘毛；子房顶端具刺毛。果坛状球状，平截，近顶端略缢缩，肉质，不开裂。生于海拔1250m以下的山坡矮草丛中。果可食，亦可酿酒；全株供药用，有涩肠止痢、舒筋活血、补血安胎、清热燥湿等功效。

印度野牡丹

学名：*Melastoma malabathricum* L.

俗名：暴牙郎、毡帽泡花、炸腰花、洋松子、麻叶花、鸡头肉、猪姑稔、肖野牡丹、黑口莲、灌灌黄、张口叭、喳吧叶、老虎杆、基尖叶野牡丹、老鼠丁根、山甜娘、瓮登木、乌提子、野广石榴、催生药、酒瓶果、展毛野牡丹、多花野牡丹、野牡丹

野牡丹科 Melastomataceae 野牡丹属 *Melastoma*

灌木，高0.5~1m，稀2~3m。茎钝四棱形或近圆柱形，密被平展的长粗毛及短柔毛。叶卵形、椭圆形或椭圆状披针形，先端渐尖，基部圆或近心形，长4~10.5cm，全缘；叶柄长0.5~1cm，密被糙伏毛。花瓣紫红色，倒卵形，长约2.7cm，具缘毛；子房密被糙伏毛，顶端具1圈密刚毛。蒴果坛状球形，顶端平截，宿存花萼与果贴生，径5~7mm，密被鳞片状糙伏毛；种子镶于肉质胎座内。生于海拔300~1830m山坡、山谷林下或疏林下，湿润或干燥的地方，路边、沟边。果可食；全草消积滞，收敛止血，散瘀消肿，治消化不良、肠炎腹泻、痢疾，可催生。

博落回

学名：*Macleaya cordata*（Willd.）R. Br.

罂粟科 Papaveraceae 博落回属 *Macleaya*

亚灌木状草本，基部木质化，高达3m。叶宽卵形或近圆形，长5~27cm，先端尖、钝或圆，7深裂或浅裂，裂片半圆形、三角形或方形，边缘波状或具粗齿，上面无毛，下面被白粉及被易脱落细茸毛，侧脉2（3）对，细脉常淡红色；叶柄长1~12cm，具浅槽。圆锥花序长15~40cm；花梗长2~7mm；苞片窄披针形；花芽棒状，长约1cm；萼片倒卵状长圆形，长约1cm，舟状，黄白色；雄蕊24~30，花药与花丝近等长。果窄倒卵形或倒披针形，无毛；种子4~6（8），卵球形。生于海拔150~830m的丘陵或低山林中、灌丛中或草丛间。入药治跌打损伤、关节炎、汗斑、恶疮、蜂螫伤及麻醉镇痛、消肿，作农药可防治稻螟象、稻苞虫、钉螺等。

臭节草

学名：*Boenninghausenia albiflora*（Hook.）Reichb. ex Meisn.

俗名：烫伤草、断根草、臭虫草、蛇盘草、蛇根草、蛇皮草、老蛇骚、松气草、石胡椒、白虎草、小黄药、生风草、松风草、羊不食草、苦黄草、石椒草、毛臭节草

芸香科 Rutaceae 石椒草属 *Boenninghausenia*

多年生草本，有浓烈气味，基部近木质，高达80cm，基部近木。枝、叶灰绿色，稀紫红色。叶薄纸质，小裂片倒卵形、菱形或椭圆形，长1~2.5cm；萼片长约1mm。花瓣白色，有时顶部桃红色，长圆形或倒卵状长圆形，长6~9mm，具透明油腺点；雄蕊8，长短相间，花丝白色，花药红褐色；果瓣长约5mm，子房柄果时长4~8mm，每果瓣（3）4（5）种子；种子长约1mm，褐黑色。多生于海拔700~2800m山地草丛中或疏林下，土山或石岩山地均有。全草入药，茎叶含精油。

楝叶吴萸

学名：*Tetradium glabrifolium*（Champion ex Bentham）T. G. Hartley

俗名：假装辣、鹤木、贼仔树、檫树、山苦楝、山漆、野茶辣、臭桐子树、野吴萸、臭吴萸、臭辣树、楝叶吴茱萸、云南吴萸

芸香科 Rutaceae 吴茱萸属 *Tetradium*

乔木，胸径达40cm。叶有小叶7~11片，很少5片或更多，小叶斜卵状披针形，通常长6~10cm，宽2.5~4cm，叶缘有细钝齿或全缘，无毛；小叶柄长1~1.5cm。花序顶生，花甚多；萼片及花瓣均5片，很少同时有4片的；花瓣白色，长约3mm；雄花的退化雌蕊短棒状，顶部5~4浅裂，花丝中部以下被长柔毛；雌花的退化雄蕊鳞片状或仅具痕迹。生于海拔600~1500m或平地常绿阔叶林中。根及果用作草药，有健胃、祛风、镇痛、消肿之功效。

附地菜

学名：*Trigonotis peduncularis*（Trev.）Benth. ex Baker & Moore

紫草科 Boraginaceae 附地菜属 *Trigonotis*

二年生草本，高达30cm。茎常多条，直立或斜升，下部分枝，密被短糙伏毛。基生叶卵状椭圆形或匙形，先端钝圆，基部渐窄成叶柄，两面被糙伏毛，具柄；茎生叶长圆形或椭圆形，具短柄或无柄。花序顶生，果期长10~20cm；无苞片或花序基部具2~3苞片；花梗长3~5mm；花萼裂至中下部，长2~2.5mm，裂片卵形，先端渐尖或尖；花冠淡蓝色或淡紫红色，冠筒极短，冠檐径约2mm，裂片倒卵形，开展；花药卵圆形，长约0.3mm。小坚果斜三棱锥状四面体形。生于平原、丘陵草地、林缘、田间及荒地。全草入药，能温中健胃、消肿止痛、止血；嫩叶可供食用。

聚合草

学名：*Symphytum officinale* L.
俗名：爱国草、友谊草

紫草科 Boraginaceae 聚合草属 *Symphytum*

多年生丛生草本，高达90cm。主根粗壮，淡紫褐色。茎数条，直立或斜升，多分枝。基生叶50~80片，基生叶及下部茎生叶带状披针形、卵状披针形或卵形，长30~60cm；茎中部及上部叶较小，基部下延，无柄。花序具多花；花萼裂至近基部；花冠长约1.4cm，淡紫色、紫红色或黄白色，裂片三角形，先端外卷；花药长约3.5mm，药隔稍突出，花丝长约3mm；子房常不育，稀少数花内成熟1个小坚果，花柱伸出。小坚果斜卵圆形。我国1963年引进，现在广泛栽培。茎叶可作家畜青饲料。

大果琉璃草

学名：*Cynoglossum divaricatum* Stephan ex Lehmann

紫草科 Boraginaceae 琉璃草属 *Cynoglossum*

多年生草本，高25~100cm。茎直立，中空，具肋棱。基生叶和茎下部叶长圆状披针形或披针形，长7~15cm，宽2~4cm，先端钝或渐尖，基部渐狭成柄，灰绿色；茎中部及上部叶无柄，狭披针形，被灰色短柔毛。花序顶生及腋生，花集为疏松的圆锥状花序；花冠蓝紫色，深裂至下1/3，裂片卵圆形，先端微凹；花柱肥厚，扁平。小坚果卵形。生于海拔525~2500m干山坡、草地、沙丘、石滩及路边。根入药，性淡、寒，用于清热解毒。

琉璃草

学名：*Cynoglossum furcatum* Wallich

紫草科 Boraginaceae 琉璃草属 *Cynoglossum*

直立草本，高40~60cm。茎密被伏黄褐色糙伏毛。基生叶及茎下部叶具柄，长圆形或长圆状披针形，长12~20cm，宽3~5cm，先端钝，基部渐狭，上下两面密生贴伏的伏毛；茎上部叶无柄，狭小，被密伏的伏毛。花序顶生及腋生；花冠蓝色，漏斗状，长3.5~4.5mm，檐部径5~7mm，裂片长圆形，先端圆钝；花药长圆形，花丝基部扩张，着生花冠筒上1/3处；花柱肥厚，略四棱形。小坚果卵球形。生于海拔300~3040m林间草地、向阳山坡及路边。根叶供药用，可治疮疖痈肿、跌打损伤、毒蛇咬伤及黄胆、痢疾、尿痛及肺结核咳嗽。

铁仔

学名：*Myrsine africana* L.

俗名：炒米柴、小铁子、牙痛草、铁帚把、碎米果、豆瓣柴、矮零子、明立花、野茶、簸赭子、尖叶铁仔

紫金牛科 Myrsinaceae 铁仔属 *Myrsine*

灌木，高0.5~1m。小枝圆柱形。叶片革质或坚纸质，通常为椭圆状倒卵形，有时成近圆形、倒卵形、长圆形或披针形，长1~2cm，稀达3cm，宽0.7~1cm，顶端广钝或近圆形，具短刺尖，基部楔形，边缘常从中部以上具锯齿，齿端常具短刺尖。花簇生或近伞形花序，腋生；花冠在雌花中长为萼的2倍或略长，基部连合成管；雄蕊微微伸出花冠，花丝基部连合成管；花药长圆形，与花冠裂片等大且略长；花柱伸长，柱头点尖、微裂、2半裂或边缘流苏状。果球形，红色变紫黑色，光亮。生于海拔1000~3600m的石山坡、荒坡疏林中或林缘，向阳干燥的地方。枝、叶药用。

紫茉莉

学名：*Mirabilis jalapa* L.

俗名：晚饭花、晚晚花、野丁香、苦丁香、丁香叶、状元花、夜饭花、粉豆花、胭脂花、烧汤花、夜娇花、潮来花、粉豆、白花紫茉莉、地雷花、白开夜合

紫茉莉科 Nyctaginaceae 紫茉莉属 *Mirabilis*

一年生草本，高达1m。茎多分枝，节稍肿大。叶卵形或卵状三角形，先端渐尖，基部平截或心形，全缘。花常数朵簇生枝顶，总苞钟形，5裂，花被紫红色、黄色或杂色，花被筒高脚碟状，檐部5浅裂，午后开放，有香气，次日午前凋萎；雄蕊5。瘦果球形，黑色，革质，具皱纹；种子胚乳白粉质。我国南北各地常栽培，为观赏花卉，有时逸为野生。根、叶可供药用，有清热解毒、活血调经和滋补之功效。

两头毛

学名：*Incarvillea arguta*（Royle）Royle
俗名：炮仗花、蜜糖花、马桶花、黄鸡尾、燕山红、羊奶子、唢呐花、金鸡豇豆、城墙花、羊胡子草、鼓手花、岩喇叭花、大九加、麻叶子、大花药、破碗花、千把刀、毛子草、东方羊胡子草

紫葳科 Bignoniaceae 角蒿属 *Incarvillea*

多年生具茎草本，高达1.5m。叶互生，为1回羽状复叶，不聚生于茎基部，长约15cm；小叶5~11枚，卵状披针形长3~5cm，宽15~20mm，顶端长渐尖，基部阔楔形，两侧不等大，边缘具锯齿。顶生总状花序，有花6~20朵；花冠淡红色、紫红色或粉红色，钟状长漏斗形；花冠筒基部紧缩成细筒，裂片半圆形。果线状圆柱形，革质；种子细小，多数，长椭圆形。生于海拔1400~2700（3400）m的干热河谷、山坡灌丛中。全草入药，治跌打损伤、风湿骨痛、月经不调、痈肿、胸肋疼痛；根治腹泻。

紫叶酢浆草

学名：*Oxalis triangularis* Urpurea

酢浆草科 Oxalidaceae 酢浆草属 *Oxalis*

多年生，具球根的草本植物，株高15~30cm。地下部分生长有鳞茎，鳞茎会不断增生。叶丛生于基部，全部为根生叶；掌状复叶由3片小叶组成，每片小叶呈倒三角形，宽大于长，质软；叶片紫红色，部分品种的叶片内侧还镶嵌有如蝴蝶般的紫黑色斑块。伞形花序，花12~14朵，花冠5裂，淡紫色或白色，端部呈淡粉色。我国和世界各地都分布广泛。

酢浆草

学名：*Oxalis corniculata* L.
俗名：酸三叶、酸醋酱、鸠酸、酸味草

酢浆草科 Oxalidaceae 酢浆草属 *Oxalis*

草本，高10~35cm，全株被柔毛。根茎稍肥厚。茎细弱，多分枝，直立或匍匐，匍匐茎节上生根。叶基生或茎上互生；托叶小，长圆形或卵形，边缘被密长柔毛；小叶3，无柄，倒心形，长4~16mm，宽4~22mm。花单生或数朵集为伞形花序状，腋生，总花梗淡红色，与叶近等长；花瓣5，黄色，长圆状倒卵形；雄蕊10，花丝白色半透明，有时被疏短柔毛；子房长圆形，5室，花柱5，柱头头状。蒴果长圆柱形，5棱；种子长卵形，褐色或红棕色。生于山坡草池、河谷沿岸、路边、田边、荒地或林下阴湿处等。全草入药，能解热利尿、消肿散淤；牛羊食其过多可中毒致死。

参考文献

陈默君, 贾慎修, 2002. 中国饲用植物[M]. 北京: 中国农业出版社.

《贵州植物志》编辑委员会, 1983-1986. 贵州植物志: 第1-3卷[M]. 贵阳: 贵州人民出版社.

《贵州植物志》编辑委员会, 1988-1989. 贵州植物志: 第4-9卷[M]. 成都: 贵州人民出版社.

《贵州植物志》编辑委员会, 2004. 贵州植物志: 第10卷[M]. 贵阳: 贵州科技出版社.

罗扬, 邓秀伦, 杨成华, 2015. 贵州维管束植物编目[M]. 北京: 中国林业出版社.

王培善, 潘炉台, 2018. 贵州石松类和蕨类植物志: 上卷、下卷[M]. 贵阳: 贵州科技出版社.

王勇, 赵来喜, 徐春波, 2019. 中国草地主要禾本科饲用植物图鉴[M]. 北京: 中国农业科学技术出版社.

王元素, 罗京焰, 李莉, 2015. 贵州饲用植物彩色图谱[M]. 北京: 化学工业出版社.

徐春波, 王勇, 德英, 2019. 中国草地常见豆科饲用植物（一）[M]. 北京: 中国农业科学技术出版社.

《中国高等植物彩色图鉴》编辑委员会, 2016. 中国高等植物彩色图鉴: 第1-9卷[M]. 北京: 科学出版社.

中国科学院植物研究所, 1994-2001. 中国高等植物图鉴: 第1-5卷, 补编第1-2卷[M]. 北京: 科学出版社.

中国科学院中国植物志编辑委员会, 1959-2004. 中国植物志: 第1-80卷[M]. 北京: 科学出版社.

朱邦长, 2008. 贵州高产饲用植物的栽培与利用[M]. 贵阳: 贵州科技出版社.

附录：贵州草原植物本书正文未收录部分

序号	科名	属名	种名	学名
			蕨类植物	
1	凤尾蕨科	粉背蕨属	银粉背蕨	*Aleuritopteris argentea*
2	凤尾蕨科	凤尾蕨属	剑叶凤尾蕨	*Pteris ensiformis*
3	凤尾蕨科	凤尾蕨属	欧洲凤尾蕨	*Pteris cretica*
4	凤尾蕨科	凤尾蕨属	线羽凤尾蕨	*Pteris arisanensis*
5	凤尾蕨科	金粉蕨属	金粉蕨	*Onychium siliculosum*
6	凤尾蕨科	金粉蕨属	野雉尾金粉蕨	*Onychium japonicum*
7	凤尾蕨科	碎米蕨属	毛轴碎米蕨	*Cheilanthes chusana*
8	海金沙科	海金沙属	海金沙	*Lygodium japonicum*
9	金星蕨科	毛蕨属	华南毛蕨	*Cyclosorus parasiticus*
10	金星蕨科	新月蕨	新月蕨	*Pronephrium gymnopteridifrons*
11	金星蕨科	针毛蕨属	针毛蕨	*Macrothelypteris oligophlebia*
12	卷柏科	卷柏属	翠云草	*Selaginella uncinata*
13	卷柏科	卷柏属	江南卷柏	*Selaginella moellendorffii*
14	卷柏科	卷柏属	卷柏	*Selaginella tamariscina*
15	鳞毛蕨科	贯众属	刺齿贯众	*Cyrtomium caryotideum*
16	鳞毛蕨科	鳞毛蕨属	变异鳞毛蕨	*Dryopteris varia*
17	木贼科	木贼属	笔管草	*Equisetum ramosissimum* subsp. *debile*
18	木贼科	木贼属	节节草	*Equisetum ramosissimum*
19	木贼科	木贼属	问荆	*Equisetum arvense*
20	球子蕨科	荚果蕨属	荚果蕨	*Matteuccia struthiopteris*
21	肾蕨科	肾蕨属	肾蕨	*Nephrolepis cordifolia*
22	水龙骨科	棱脉蕨属	日本水龙骨	*Goniophlebium niponicum*
23	水龙骨科	石韦属	石韦	*Pyrrosia lingua*
24	蹄盖蕨科	安蕨属	日本安蕨	*Anisocampium niponicum*
25	碗蕨科	碗蕨属	碗蕨	*Dennstaedtia scabra*
26	乌毛蕨科	狗脊属	狗脊	*Woodwardia japonica*
27	乌毛蕨科	狗脊属	珠芽狗脊	*Woodwardia prolifera*
			被子植物	
1	八角枫科	八角枫属	八角枫	*Alangium chinense*
2	八角枫科	八角枫属	瓜木	*Alangium platanifolium*
3	百合科	菝葜属	托柄菝葜	*Smilax discotis*
4	百合科	百合属	卷丹	*Lilium lancifolium*
5	百合科	黄精属	玉竹	*Polygonatum odoratum*
6	百合科	鹭鸶草属	鹭鸶草	*Diuranthera major*
7	百合科	万寿竹属	万寿竹	*Disporum cantoniense*
8	百合科	萱草属	萱草	*Hemerocallis fulva*
9	百合科	沿阶草属	麦冬	*Ophiopogon japonicus*

续表

序号	科名	属名	种名	学名
10	百合科	沿阶草属	沿阶草	*Ophiopogon bodinieri*
11	百合科	玉簪属	紫玉簪	*Hosta albomarginata*
12	败酱科	败酱属	少蕊败酱	*Patrinia monandra*
13	报春花科	报春花属	西藏报春	*Primula tibetica*
14	报春花科	琉璃繁缕属	蓝花琉璃繁缕	*Anagallis arvensis*
15	报春花科	珍珠菜属	巴东过路黄	*Lysimachia patungensis*
16	报春花科	珍珠菜属	过路黄	*Lysimachia christiniae*
17	报春花科	珍珠菜属	星宿菜	*Lysimachia fortunei*
18	车前科	车前属	大车前	*Plantago major*
19	车前科	车前属	平车前	*Plantago depressa*
20	唇形科	薄荷属	薄荷	*Mentha canadensis*
21	唇形科	薄荷属	留兰香	*Mentha spicata*
22	唇形科	地笋属	地笋	*Lycopus lucidus*
23	唇形科	风轮菜属	寸金草	*Clinopodium megalanthum*
24	唇形科	黄芩属	岩藿香	*Scutellaria franchetiana*
25	唇形科	活血丹属	活血丹	*Glechoma longituba*
26	唇形科	藿香属	藿香	*Agastache rugosa*
27	唇形科	藿香属	香薷	*Elsholtzia ciliata*
28	唇形科	鸡脚参属	肾茶	*Orthosiphon aristatus*
29	唇形科	姜味草属	姜味草	*Micromeria biflora*
30	唇形科	荆芥属	荆芥	*Nepeta cataria*
31	唇形科	荆芥属	六座大山荆芥	*Nepeta faassenii*
32	唇形科	龙头草属	荨麻叶龙头草	*Meehania urticifolia*
33	唇形科	罗勒属	罗勒	*Ocimum basilicum*
34	唇形科	罗勒属	疏柔毛罗勒	*Ocimum basilicum* var. *pilosum*
35	唇形科	迷迭香属	迷迭香	*Rosmarinus officinalis*
36	唇形科	牡荆属	牡荆	*Vitex negundo* var. *cannabifolia*
37	唇形科	石荠苎属	石荠苎	*Mosla scabra*
38	唇形科	石荠苎属	石香薷	*Mosla chinensis*
39	唇形科	鼠尾草属	佛光草	*Salvia substolonifera*
40	唇形科	鼠尾草属	鼠尾草	*Salvia japonica*
41	唇形科	水苏属	水苏	*Stachys japonica*
42	唇形科	水苏属	针筒菜	*Stachys oblongifolia*
43	唇形科	夏枯草属	大花夏枯草	*Prunella grandiflora*
44	唇形科	香茶菜属	蓝萼香茶菜	*Isodon japonicus*
45	唇形科	香茶菜属	碎米桠	*Isodon rubescens*
46	唇形科	香茶菜属	溪黄草	*Isodon serra*
47	唇形科	香科科属	香科科	*Teucrium simplex*
48	唇形科	香薷属	东紫苏	*Elsholtzia bodinieri*
49	唇形科	香薷属	海州香薷	*Elsholtzia splendens*
50	唇形科	香薷属	紫花香薷	*Elsholtzia argyi*

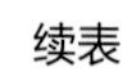
续表

序号	科名	属名	种名	学名
51	唇形科	逐风草属	凉粉草	*Mesona chinensis*
52	唇形科	紫苏属	紫苏	*Perilla frutescens*
53	大戟科	白饭树属	白饭树	*Flueggea virosa*
54	大戟科	大戟属	千根草	*Euphorbia thymifolia*
55	大戟科	山麻杆属	毛果山麻杆	*Alchornea mollis*
56	大戟科	算盘子属	湖北算盘子	*Glochidion wilsonii*
57	大戟科	野桐属	毛桐	*Mallotus barbatus*
58	大戟科	野桐属	野桐	*Mallotus tenuifolius*
59	大戟科	叶下珠属	蜜甘草	*Phyllanthus ussuriensis*
60	大戟科	叶下珠属	小果叶下珠	*Phyllanthus reticulatus*
61	大戟科	叶下珠属	叶下珠	*Phyllanthus urinaria*
62	大戟科	油桐属	油桐	*Vernicia fordii*
63	冬青科	冬青属	齿叶冬青	*Ilex crenata*
64	冬青科	冬青属	冬青	*Ilex chinensis*
65	冬青科	冬青属	龟甲冬青	*Ilex crenata*
66	冬青科	冬青属	猫儿刺	*Ilex pernyi*
67	豆科	扁豆属	扁豆	*Lablab purpureus*
68	豆科	蝉豆属	蝉豆	*Pleurolobus gangeticus*
69	豆科	车轴草属	白车轴草	*Trifolium repens*
70	豆科	刺桐属	刺桐	*Erythrina variegata*
71	豆科	刀豆属	海刀豆	*Canavalia rosea*
72	豆科	儿茶属	光叶藤儿茶	*Senegalia delavayi*
73	豆科	葛属	葛	*Pueraria montana*
74	豆科	葛属	山葛	*Pueraria montana* var. *montana*
75	豆科	含羞草属	巴西含羞草	*Mimosa diplotricha*
76	豆科	合欢属	合欢	*Albizia julibrissin*
77	豆科	合欢属	毛叶合欢	*Albizia mollis*
78	豆科	合萌属	合萌	*Aeschynomene indica*
79	豆科	胡枝子属	多花胡枝子	*Lespedeza floribunda*
80	豆科	胡枝子属	胡枝子	*Lespedeza bicolor*
81	豆科	胡枝子属	绒毛胡枝子	*Lespedeza tomentosa*
82	豆科	槐属	槐	*Styphnolobium japonicum*
83	豆科	槐属	黄花槐	*Sophora xanthoantha*
84	豆科	黄芪属	草木樨状黄芪	*Astragalus melilotoides*
85	豆科	黄檀属	黄檀	*Dalbergia hupeana*
86	豆科	鸡血藤属	亮叶鸡血藤	*Callerya nitida*
87	豆科	假地豆属	假地豆	*Grona heterocarpos*
88	豆科	豇豆属	贼小豆	*Vigna minima*
89	豆科	金合欢属	金合欢	*Vachellia farnesiana*
90	豆科	锦鸡儿属	锦鸡儿	*Caragana sinica*
91	豆科	决明属	槐叶决明	*Senna sophera*

续表

序号	科名	属名	种名	学名
92	豆科	苦葛属	苦葛	*Toxicopueraria peduncularis*
93	豆科	木蓝属	木蓝	*Indigofera tinctoria*
94	豆科	木蓝属	疏花木蓝	*Indigofera colutea*
95	豆科	苜蓿属	紫花苜蓿	*Medicago sativa*
96	豆科	山扁豆属	山扁豆	*Chamaecrista mimosoides*
97	豆科	山黧豆属	香豌豆	*Lathyrus odoratus*
98	豆科	山蚂蟥属	圆锥山蚂蟥	*Desmodium elegans*
99	豆科	羊蹄甲属	羊蹄甲	*Bauhinia purpurea*
100	豆科	野决明属	披针叶野决明	*Thermopsis lanceolata*
101	豆科	野豌豆属	野豌豆	*Vicia sepium*
102	豆科	云实属	云实	*Caesalpinia decapetala*
103	豆科	长柄山蚂蝗属	尖叶长柄山蚂蝗	*Hylodesmum podocarpum* subsp. *oxyphyllum*
104	豆科	猪屎豆属	猪屎豆	*Crotalaria pallida*
105	豆科	猪屎豆属	紫花野百合	*Crotalaria sessiliflora*
106	豆科	紫穗槐属	紫穗槐	*Amorpha fruticosa*
107	杜鹃花科	杜鹃花属	大白杜鹃	*Rhododendron decorum*
108	杜鹃花科	杜鹃花属	高山杜鹃	*Rhododendron lapponicum*
109	杜鹃花科	杜鹃花属	满山红	*Rhododendron mariesii*
110	杜鹃花科	越橘属	江南越橘	*Vaccinium mandarinorum*
111	杜鹃花科	越橘属	南烛	*Vaccinium bracteatum*
112	杜鹃花科	越橘属	乌鸦果	*Vaccinium fragile*
113	杜鹃花科	越橘属	越橘	*Vaccinium vitis-idaea*
114	防己科	风龙属	风龙	*Sinomenium acutum*
115	防己科	千金藤属	千金藤	*Stephania japonica*
116	防己科	青牛胆属	青牛胆	*Tinospora sagittata*
117	凤仙花科	凤仙花属	凤仙花	*Impatiens balsamina*
118	凤仙花科	凤仙花属	金凤花	*Impatiens cyathiflora*
119	禾本科	白茅属	大白茅	*Imperata cylindrica* var. *major*
120	禾本科	稗属	稗	*Echinochloa crusgalli*
121	禾本科	稗属	光头稗	*Echinochloa colona*
122	禾本科	稗属	无芒稗	*Echinochloa crus-galli* var. *mitis*
123	禾本科	稗属	细叶旱稗	*Echinochloa crus-galli* var. *praticola*
124	禾本科	草沙蚕属	中华草沙蚕	*Tripogon chinensis*
125	禾本科	赤竹属	菲白竹	*Pleioblastus fortunei*
126	禾本科	地毯草属	地毯草	*Axonopus compressus*
127	禾本科	荻属	荻	*Miscanthus sacchariflorus*
128	禾本科	刚竹属	毛竹	*Phyllostachys edulis*
129	禾本科	狗尾草属	皱叶狗尾草	*Setaria plicata*
130	禾本科	狗尾草属	棕叶狗尾草	*Setaria palmifolia*
131	禾本科	狗牙根属	狗牙根	*Cynodon dactylon*
132	禾本科	黑麦草属	黑麦草	*Lolium perenne*

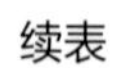

续表

序号	科名	属名	种名	学名
133	禾本科	黑麦草属	一年生黑麦草	*Lolium multiflorum*
134	禾本科	画眉草属	黑穗画眉草	*Eragrostis nigra*
135	禾本科	画眉草属	乱草	*Eragrostis japonica*
136	禾本科	画眉草属	小画眉草	*Eragrostis minor*
137	禾本科	画眉草属	知风草	*Eragrostis ferruginea*
138	禾本科	芨芨草属	芨芨草	*Achnatherum splendens*
139	禾本科	剪股颖属	华北剪股颖	*Agrostis clavata*
140	禾本科	剪股颖属	剪股颖	*Agrostis clavata*
141	禾本科	结缕草属	结缕草	*Zoysia japonica*
142	禾本科	金发草属	金丝草	*Pogonatherum crinitum*
143	禾本科	金须茅属	竹节草	*Chrysopogon aciculatus*
144	禾本科	荩草属	茅叶荩草	*Arthraxon prionodes*
145	禾本科	赖草属	羊草	*Leymus chinensis*
146	禾本科	狼尾草属	皇竹草	*Pennisetum sinese*
147	禾本科	狼尾草属	象草	*Pennisetum purpureum*
148	禾本科	芦苇属	芦苇	*Phragmites australis*
149	禾本科	芒属	五节芒	*Miscanthus floridulus*
150	禾本科	披碱草属	披碱草	*Elymus dahuricus*
151	禾本科	雀稗属	雀稗	*Paspalum thunbergii*
152	禾本科	雀稗属	圆果雀稗	*Paspalum scrobiculatum*
153	禾本科	雀麦属	雀麦	*Bromus japonicus*
154	禾本科	箬竹属	箬竹	*Indocalamus tessellatus*
155	禾本科	蜈蚣草属	假俭草	*Eremochloa ophiuroides*
156	禾本科	香根草属	香根草	*Vetiveria zizanioides*
157	禾本科	香茅属	香茅	*Cymbopogon citratus*
158	禾本科	鸭茅属	鸭茅	*Dactylis glomerata*
159	禾本科	燕麦属	燕麦	*Avena sativa*
160	禾本科	燕麦属	野燕麦	*Avena fatua*
161	禾本科	羊茅属	高羊茅	*Festuca elata*
162	禾本科	羊茅属	蓝羊茅	*Festuca glauca*
163	禾本科	野古草属	野古草	*Arundinella hirta*
164	禾本科	野青茅属	野青茅	*Deyeuxia pyramidalis*
165	禾本科	硬草属	硬草	*Sclerochloa dura*
166	禾本科	早熟禾属	草地早熟禾	*Poa pratensis*
167	胡桃科	化香树属	化香树	*Platycarya strobilacea*
168	胡颓子科	胡颓子属	胡颓子	*Elaeagnus pungens*
169	胡颓子科	胡颓子属	蔓胡颓子	*Elaeagnus glabra*
170	胡颓子科	胡颓子属	牛奶子	*Elaeagnus umbellata*
171	葫芦科	赤瓟属	长叶赤瓟	*Thladiantha longifolia*
172	葫芦科	栝楼属	长萼栝楼	*Trichosanthes laceribractea*
173	葫芦科	绞股蓝属	绞股蓝	*Gynostemma pentaphyllum*

续表

序号	科名	属名	种名	学名
174	虎耳草科	扯根菜属	扯根菜	*Penthorum chinense*
175	虎耳草科	落新妇属	大落新妇	*Astilbe grandis*
176	虎耳草科	绣球属	冠盖绣球	*Hydrangea anomala*
177	虎耳草科	绣球属	西南绣球	*Hydrangea davidii*
178	虎耳草科	绣球属	中国绣球	*Hydrangea chinensis*
179	虎皮楠科	虎皮楠属	牛耳枫	*Daphniphyllum calycinum*
180	桦木科	桦木属	亮叶桦	*Betula luminifera*
181	桦木科	榛属	川榛	*Corylus heterophylla* var. *sutchuenensi*
182	桦木科	榛属	滇榛	*Corylus yunnanensis*
183	桦木科	榛属	榛	*Corylus heterophylla*
184	黄杨科	板凳果属	板凳果	*Pachysandra axillaris*
185	蒺藜科	蒺藜属	蒺藜	*Tribulus terrestris*
186	夹竹桃科	蔓长春花属	蔓长春花	*Vinca major*
187	夹竹桃科	山橙属	思茅山橙	*Melodinus cochinchinensis*
188	夹竹桃科	水甘草属	柳叶水甘草	*Amsonia tabernaemontana*
189	金缕梅科	枫香树属	枫香树	*Liquidambar formosan*
190	金缕梅科	檵木属	红花檵木	*Loropetalum chinense*
191	堇菜科	堇菜属	斑叶堇菜	*Viola variegata*
192	堇菜科	堇菜属	戟叶堇菜	*Viola betonicifolia*
193	堇菜科	堇菜属	心叶堇菜	*Viola yunnanfuensis*
194	锦葵科	刺蒴麻属	毛刺蒴麻	*Triumfetta cana*
195	锦葵科	大萼葵属	大萼葵	*Cenocentrum tonkinense*
196	锦葵科	黄花稔属	白背黄花稔	*Sida rhombifolia*
197	锦葵科	黄花稔属	黄花稔	*Sida acuta*
198	锦葵科	黄花稔属	心叶黄花稔	*Sida cordifolia*
199	锦葵科	锦葵属	圆叶锦葵	*Malva pusilla*
200	锦葵科	木槿属	木芙蓉	*Hibiscus mutabilis*
201	锦葵科	木槿属	木槿	*Hibiscus syriacus*
202	锦葵科	苘麻属	苘麻	*Abutilon theophrasti*
203	锦葵科	罂粟葵属	罂粟葵	*Callirhoe involucrata*
204	景天科	八宝属	白八宝	*Hylotelephium pallescens*
205	景天科	景天属	垂盆草	*Sedum sarmentosum*
206	景天科	景天属	景天	*Sedum eythrostictum*
207	景天科	景天属	石板菜	*Sedum alfredi*
208	景天科	景天属	藓状景天	*Sedum polytrichoides*
209	桔梗科	半边莲属	山梗菜	*Lobelia sessilifolia*
210	桔梗科	党参属	脉花党参	*Codonopsis foetens*
211	桔梗科	风铃草属	风铃草	*Campanula medium*
212	桔梗科	风铃草属	聚花风铃草	*Campanula glomerata*
213	桔梗科	蓝钟花属	大萼蓝钟花	*Cyananthus macrocalyx*
214	桔梗科	蓝钟花属	灰毛蓝钟花	*Cyananthus incanus*

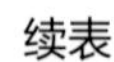
续表

序号	科名	属名	种名	学名
215	桔梗科	沙参属	沙参	*Adenophora stricta*
216	桔梗科	沙参属	石沙参	*Adenophora polyantha*
217	菊科	艾纳香属	艾纳香	*Blumea balsamifera*
218	菊科	艾纳香属	柔毛艾纳香	*Blumea axillaris*
219	菊科	白酒草属	熊胆草	*Eschenbachia blinii*
220	菊科	白酒草属	香丝草	*Eschenbachia bonariensis*
221	菊科	稻槎菜属	稻槎菜	*Lapsanastrum apogonoides*
222	菊科	飞机草属	飞机草	*Chromolaena odorata*
223	菊科	飞廉属	飞廉	*Carduus nutans*
224	菊科	飞蓬属	短莛飞蓬	*Erigeron breviscapus*
225	菊科	飞蓬属	飞蓬	*Erigeron acris*
226	菊科	风毛菊属	风毛菊	*Saussurea japonica*
227	菊科	蜂斗菜属	蜂斗菜	*Petasites japonicus*
228	菊科	蜂斗菜属	台湾蜂斗菜	*Petasites formosanus*
229	菊科	鬼针草属	狼杷草	*Bidens tripartita*
230	菊科	还阳参属	还阳参	*Crepis rigescens*
231	菊科	蒿属	艾蒿	*Artemisia argyi*
232	菊科	蒿属	白叶蒿	*Artemisia leucophylla*
233	菊科	蒿属	大籽蒿	*Artemisia sieversiana*
234	菊科	蒿属	蒌蒿	*Artemisia selengensis*
235	菊科	蒿属	牡蒿	*Artemisia japonica*
236	菊科	蒿属	牛尾蒿	*Artemisia dubia*
237	菊科	蒿属	青蒿	*Artemisia caruifolia*
238	菊科	蒿属	猪毛蒿	*Artemisia scoparia*
239	菊科	合耳菊属	密花合耳菊	*Synotis cappa*
240	菊科	黄鹌菜属	黄鹌菜	*Youngia japonica*
241	菊科	藿香蓟属	藿香蓟	*Ageratum conyzoides*
242	菊科	蓟属	绒背蓟	*Cirsium vlassovianum*
243	菊科	蓟属	小蓟	*Cirsium arvense*
244	菊科	蓟属	野蓟	*Cirsium maackii*
245	菊科	假还阳参属	假还阳参	*Crepidiastrum lanceolatum*
246	菊科	金鸡菊属	金鸡菊	*Coreopsis basalis*
247	菊科	金腰箭属	金腰箭	*Synedrella nodiflora*
248	菊科	菊蒿属	菊蒿	*Tanacetum vulgare*
249	菊科	菊苣属	菊苣	*Cichorium intybus*
250	菊科	菊三七属	菊三七	*Gynura japonica*
251	菊科	苦苣菜属	花叶滇苦菜	*Sonchus asper*
252	菊科	苦苣菜属	苣荬菜	*Sonchus wightianus*
253	菊科	苦苣菜属	苦苣菜	*Sonchus oleraceus*
254	菊科	苦荬菜属	苦荬菜	*Ixeris polycephala*
255	菊科	苦荬菜属	中华苦荬菜	*Ixeris chinensis*

续表

序号	科名	属名	种名	学名
256	菊科	款冬属	款冬	*Tussilago farfara*
257	菊科	六棱菊属	翼齿六棱菊	*Laggera crispata*
258	菊科	漏芦属	漏芦	*Rhaponticum uniflorum*
259	菊科	蒲儿根属	蒲儿根	*Sinosenecio oldhamianus*
260	菊科	蒲公英属	华蒲公英	*Taraxacum sinicum*
261	菊科	千里光属	欧洲千里光	*Senecio vulgaris*
262	菊科	蓍属	云南蓍	*Achillea wilsoniana*
263	菊科	鼠麹草属	拟鼠麹草	*Pseudognaphalium affine*
264	菊科	天名精属	葶茎天名精	*Carpesium scapiform*
265	菊科	兔儿风属	光叶兔儿风	*Ainsliaea glabra*
266	菊科	兔儿风属	云南兔儿风	*Ainsliaea yunnanensis*
267	菊科	豚草属	豚草	*Ambrosia artemisiifolia*
268	菊科	橐吾属	橐吾	*Ligularia sibirica*
269	菊科	莴苣属	山莴苣	*Lactuca sibirica*
270	菊科	莴苣属	野莴苣	*Lactuca serriola*
271	菊科	豨莶属	毛梗豨莶	*Sigesbeckia glabrescens*
272	菊科	豨莶属	腺梗豨莶	*Sigesbeckia pubescens*
273	菊科	香青属	尼泊尔香青	*Anaphalis nepalensis*
274	菊科	香青属	香青	*Anaphalis sinica*
275	菊科	小苦荬属	抱茎小苦荬	*Ixeridium sonchifolia*
276	菊科	旋覆花属	旋覆花	*Inula japonica*
277	菊科	野茼蒿属	蓝花野茼蒿	*Crassocephalum rubens*
278	菊科	夜香牛属	夜香牛	*Cyanthillium cinereum*
279	菊科	鱼眼草属	鱼眼草	*Dichrocephala integrifolia*
280	菊科	泽兰属	佩兰	*Eupatorium fortunei*
281	菊科	紫菀属	东风菜	*Aster scaber*
282	菊科	紫菀属	三脉紫菀	*Aster trinervius*
283	菊科	紫菀属	异苞石生紫菀	*Aster oreophilus*
284	菊科	紫菀属	缘毛紫菀	*Aster souliei*
285	爵床科	假杜鹃属	假杜鹃	*Barleria cristata*
286	爵床科	十万错属	宽叶十万错	*Asystasia gangetica*
287	爵床科	紫云菜属	南一笼鸡	*Strobilanthes henryi*
288	壳斗科	栎属	槲栎	*Quercus aliena*
289	壳斗科	青冈属	青冈	*Cyclobalanopsis glauca*
290	苦苣苔科	珊瑚苣苔属	珊瑚苣苔	*Corallodiscus lanuginosus*
291	苦苣苔科	双片苣苔属	双片苣苔	*Didymostigma obtusum*
292	苦苣苔科	长冠苣苔属	长冠苣苔	*Rhabdothamnopsis sinensis*
293	蓝果树科	喜树属	喜树	*Camptotheca acuminata*
294	藜科	藜属	灰绿藜	*Chenopodium glaucum*
295	藜科	藜属	菊叶香藜	*Chenopodium schraderiana*
296	楝科	浆果楝属	浆果楝	*Cipadessa baccifera*

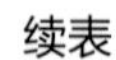
续表

序号	科名	属名	种名	学名
297	蓼科	蓼属	春蓼	*Polygonum persicaria*
298	蓼科	蓼属	刺蓼	*Polygonum senticosum*
299	蓼科	蓼属	丛枝蓼	*Polygonum posumbu*
300	蓼科	蓼属	香蓼	*Polygonum viscosum*
301	蓼科	蓼属	羽叶蓼	*Polygonum runcinatum*
302	蓼科	蓼属	圆穗蓼	*Polygonum macrophyllum*
303	蓼科	荞麦属	金荞麦	*Fagopyrum dibotrys*
304	蓼科	荞麦属	荞麦	*Fagopyrum esculentum*
305	蓼科	山蓼属	中华山蓼	*Oxyria sinensis*
306	蓼科	酸模属	齿果酸模	*Rumex dentatus*
307	柳叶菜科	柳叶菜属	长籽柳叶菜	*Epilobium pyrricholophum*
308	柳叶菜科	露珠草属	露珠草	*Circaea cordata*
309	柳叶菜科	月见草属	黄花月见草	*Oenothera glazioviana*
310	柳叶菜科	月见草属	美丽月见草	*Oenothera speciosa*
311	龙胆科	喉毛花属	喉毛花	*Comastoma pulmonarium*
312	龙胆科	花锚属	花锚	*Halenia corniculata*
313	龙胆科	花锚属	椭圆叶花锚	*Halenia elliptica*
314	龙胆科	龙胆属	达乌里秦艽	*Gentiana dahurica*
315	龙胆科	龙胆属	龙胆	*Gentiana scabra*
316	龙胆科	龙胆属	秦艽	*Gentiana macrophylla*
317	龙胆科	龙胆属	五岭龙胆	*Gentiana davidi*
318	龙胆科	双蝴蝶属	双蝴蝶	*Tripterospermum chinense*
319	龙胆科	獐牙菜属	紫红獐牙菜	*Swertia punicea*
320	萝藦科	白前属	蔓剪草	*Cynanchum chekiangense*
321	马鞭草科	莸属	兰香草	*Caryopteris incana*
322	马鞭草科	紫珠属	紫珠	*Callicarpa bodinieri*
323	马齿苋科	马齿苋属	马齿苋	*Portulaca oleracea*
324	马兜铃科	马兜铃属	广防己	*Aristolochia fangchi*
325	马兜铃科	马兜铃属	马兜铃	*Aristolochia debilis*
326	马兜铃科	细辛属	细辛	*Asarum heterotropoides*
327	牻牛儿苗科	老鹳草属	灰背老鹳草	*Geranium wlassovianum*
328	牻牛儿苗科	老鹳草属	老鹳草	*Geranium wilfordii*
329	毛茛科	黄连属	黄连	*Coptis chinensis*
330	毛茛科	耧斗菜属	耧斗菜	*Aquilegia viridiflora*
331	毛茛科	毛茛属	刺果毛茛	*Ranunculus muricatus*
332	毛茛科	毛茛属	毛茛	*Ranunculus japonicus*
333	毛茛科	唐松草属	华东唐松草	*Thalictrum fortunei*
334	毛茛科	唐松草属	唐松草	*Thalictrum aquilegiifolium*
335	毛茛科	天葵属	天葵	*Semiaquilegia adoxoides*
336	毛茛科	铁线莲属	粗齿铁线莲	*Clematis grandidentata*

续表

序号	科名	属名	种名	学名
337	毛茛科	铁线莲属	钝萼铁线莲	*Clematis peterae*
338	毛茛科	铁线莲属	女萎	*Clematis apiifolia*
339	毛茛科	铁线莲属	太行铁线莲	*Clematis kirilowii*
340	毛茛科	铁线莲属	铁线莲	*Clematis florida*
341	毛茛科	铁线莲属	长冬草	*Clematis hexapetala* var. *tchefouensis*
342	猕猴桃科	猕猴桃属	中华猕猴桃	*Actinidia chinensis*
343	木通科	木通属	白木通	*Akebia trifoliata*
344	木通科	木通属	木通	*Akebia quinata*
345	木樨科	连翘属	连翘	*Forsythia suspensa*
346	葡萄科	地锦属	地锦	*Parthenocissus tricuspidata*
347	葡萄科	牛果藤属	显齿蛇葡萄	*Nekemias grossedentata*
348	葡萄科	葡萄属	毛葡萄	*Vitis heyneana*
349	葡萄科	蛇葡萄属	三裂蛇葡萄	*Ampelopsis delavayana*
350	葡萄科	蛇葡萄属	乌头叶蛇葡萄	*Ampelopsis aconitifolia*
351	葡萄科	蛇葡萄属	野葡萄	*Ampelopsis brevipedunculata*
352	葡萄科	蛇葡萄属	掌裂蛇葡萄	*Ampelopsis delavayana* var. *glabra*
353	桤叶树科	桤叶树属	甜胡椒	*Clethra alnifolia*
354	漆树科	黄连木属	清香木	*Pistacia weinmanniifolia*
355	漆树科	黄栌属	毛黄栌	*Cotinus coggygria* var. *pubescens*
356	漆树科	漆树属	漆	*Toxicodendron vernicifluum*
357	漆树科	盐肤木属	盐肤木	*Rhus chinensis*
358	槭树科	槭属	飞蛾槭	*Acer oblongum*
359	槭树科	槭属	建始槭	*Acer henryi*
360	槭树科	槭属	三角槭	*Acer buergerianum*
361	千屈菜科	节节菜属	圆叶节节菜	*Rotala rotundifolia*
362	茜草科	耳草属	耳草	*Hedyotis auricularia*
363	茜草科	耳草属	剑叶耳草	*Hedyotis caudatifolia*
364	茜草科	耳草属	牛白藤	*Hedyotis hedyotidea*
365	茜草科	耳草属	伞房花耳草	*Hedyotis corymbosa*
366	茜草科	丰花草属	阔叶丰花草	*Spermacoce alata*
367	茜草科	钩藤属	钩藤	*Uncaria rhynchophylla*
368	茜草科	鸡屎藤属	鸡屎藤	*Paederia foetida*
369	茜草科	拉拉藤属	纤细拉拉藤	*Galium tenuissimum*
370	茜草科	拉拉藤属	猪殃殃	*Galium spurium*
371	茜草科	野丁香属	川滇野丁香	*Leptodermis pilosa*
372	茜草科	猪肚木属	猪肚木	*Canthium horridum*
373	蔷薇科	扁核木属	扁核木	*Prinsepia utilis*
374	蔷薇科	李属	李	*Prunus salicina*
375	蔷薇科	李属	山樱桃	*Prunus serrulata*
376	蔷薇科	路边青属	路边青	*Geum aleppicum*
377	蔷薇科	苹果属	三叶海棠	*Malus sieboldii*

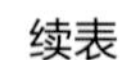
续表

序号	科名	属名	种名	学名
378	蔷薇科	蔷薇属	扁刺峨眉蔷薇	*Rosa omeiensis* f. *pteracantha*
379	蔷薇科	蔷薇属	粉团蔷薇	*Rosa multiflora* var. *cathayensis*
380	蔷薇科	蔷薇属	毛叶蔷薇	*Rosa mairei*
381	蔷薇科	蔷薇属	硕苞蔷薇	*Rosa bracteata*
382	蔷薇科	蔷薇属	野蔷薇	*Rosa multiflora*
383	蔷薇科	石斑木属	石斑木	*Rhaphiolepis indica*
384	蔷薇科	委陵菜属	翻白草	*Potentilla discolor*
385	蔷薇科	委陵菜属	绢毛匍匐委陵菜	*Potentilla reptans*
386	蔷薇科	委陵菜属	三叶委陵菜	*Potentilla freyniana*
387	蔷薇科	委陵菜属	蛇含委陵菜	*Potentilla kleiniana*
388	蔷薇科	绣线菊属	金山绣线菊	*Spiraea bumalda* cv. *Goalden Mound*
389	蔷薇科	绣线菊属	金焰绣线菊	*Spiraea bumalda* cv. *Coldfiame*
390	蔷薇科	绣线菊属	绣球绣线菊	*Spiraea blumei*
391	蔷薇科	绣线菊属	绣线菊	*Spiraea salicifolia*
392	蔷薇科	绣线菊属	中华绣线菊	*Spiraea chinensis*
393	蔷薇科	绣线菊属	紫花绣线菊	*Spiraea purpurea*
394	蔷薇科	悬钩子属	白叶莓	*Rubus innominatus*
395	蔷薇科	悬钩子属	插田泡	*Rubus coreanus*
396	蔷薇科	悬钩子属	覆盆子	*Rubus idaeus*
397	蔷薇科	悬钩子属	红藨刺藤	*Rubus niveus*
398	蔷薇科	悬钩子属	黄泡	*Rubus pectinellus*
399	蔷薇科	悬钩子属	空心泡	*Rubus rosifolius*
400	蔷薇科	悬钩子属	凉山悬钩子	*Rubus fockeanus*
401	蔷薇科	悬钩子属	牛叠肚	*Rubus crataegifolius*
402	蔷薇科	悬钩子属	山莓	*Rubus corchorifolius*
403	蔷薇科	悬钩子属	乌藨子	*Rubus parkeri*
404	蔷薇科	悬钩子属	栽秧泡	*Rubus ellipticus*
405	蔷薇科	悬钩子属	周毛悬钩子	*Rubus amphidasys*
406	蔷薇科	栒子属	小叶栒子	*Cotoneaster microphyllus*
407	蔷薇科	栒子属	栒子	*Cotoneaster hissaricus*
408	蔷薇科	栒子属	云南栒子	*Cotoneaster hebephyllus*
409	蔷薇科	珍珠梅属	高丛珍珠梅	*Sorbaria arborea*
410	茄科	颠茄属	颠茄	*Atropa belladonna*
411	茄科	茄属	刺茄	*Solanum quitoense*
412	茄科	茄属	黄果茄	*Solanum virginianum*
413	茄科	茄属	珊瑚樱	*Solanum pseudocapsicum*
414	茄科	酸浆属	酸浆	*Physalis alkekengi*
415	茄科	酸浆属	小酸浆	*Physalis minima*
416	清风藤科	清风藤属	灰背清风藤	*Sabia discolor*
417	忍冬科	荚蒾属	荚蒾	*Viburnum dilatatum*
418	忍冬科	荚蒾属	南方荚蒾	*Viburnum fordiae*

续表

序号	科名	属名	种名	学名
419	忍冬科	荚蒾属	珊瑚树	*Viburnum odoratissimum*
420	忍冬科	接骨木属	接骨木	*Sambucus williamsii*
421	忍冬科	锦带花属	锦带花	*Weigela florida*
422	忍冬科	忍冬属	刚毛忍冬	*Lonicera hispida*
423	忍冬科	忍冬属	华南忍冬	*Lonicera confusa*
424	忍冬科	忍冬属	忍冬	*Lonicera japonica*
425	瑞香科	荛花属	细轴荛花	*Wikstroemia nutans*
426	伞形科	刺芹属	刺芹	*Eryngium foetidum*
427	伞形科	毒芹属	毒芹	*Cicuta virosa*
428	伞形科	防风属	防风	*Saposhnikovia divaricata*
429	伞形科	藁本属	川芎	*Ligusticum sinense*
430	伞形科	藁本属	辽藁本	*Ligusticum jeholense*
431	伞形科	胡萝卜属	野胡萝卜	*Daucus carota*
432	伞形科	芹属	旱芹	*Apium graveolens*
433	伞形科	山芹属	大齿山芹	*Ostericum grosseserratum*
434	伞形科	水芹属	水芹	*Oenanthe javanica*
435	伞形科	天胡荽属	红马蹄草	*Hydrocotyle nepalensis*
436	伞形科	天胡荽属	天胡荽	*Hydrocotyle sibthorpioides*
437	桑科	构属	藤构	*Broussonetia kaempferi*
438	桑科	葎草属	葎草	*Humulus scandens*
439	桑科	榕属	大果榕	*Ficus auriculata*
440	桑科	桑属	桑	*Morus alba*
441	莎草科	荸荠属	荸荠	*Eleocharis dulcis*
442	莎草科	荸荠属	具刚毛荸荠	*Eleocharis valleculosa* var. *setosa*
443	莎草科	荸荠属	牛毛毡	*Eleocharis yokoscensis*
444	莎草科	扁莎属	球穗扁莎	*Pycreus flavidus*
445	莎草科	藨草属	玉山蔺藨草	*Trichophorum subcapitatum*
446	莎草科	飘拂草属	水虱草	*Fimbristylis littoralis*
447	莎草科	飘拂草属	长穗飘拂草	*Fimbristylis longispica*
448	莎草科	莎草属	褐穗莎草	*Cyperus fuscus*
449	莎草科	莎草属	黑穗莎草	*Cyperus nigrofuscus*
450	莎草科	莎草属	莎草	*Cyperus rotundus*
451	莎草科	薹草属	穹隆薹草	*Carex gibba*
452	莎草科	薹草属	薹草	*Carex liparocarpos*
453	莎草科	薹草属	翼果薹草	*Carex neurocarpa*
454	莎草科	羊胡子草属	丛毛羊胡子草	*Eriophorum comosum*
455	山茶科	柃木属	柃木	*Eurya japonica*
456	山茶科	山茶属	苦茶	*Camellia sinensis* var. *assamica*
457	山茶科	山茶属	山茶	*Camellia japonica*
458	商陆科	商陆属	商陆	*Phytolacca acinosa*
459	十字花科	独行菜属	独行菜	*Lepidium apetalum*

续表

序号	科名	属名	种名	学名
460	十字花科	蔊菜属	蔊菜	*Rorippa indica*
461	十字花科	芸薹属	芸薹	*Brassica rapa*
462	石蒜科	仙茅属	仙茅	*Curculigo orchioides*
463	石竹科	繁缕属	繁缕	*Stellaria media*
464	石竹科	狗筋蔓属	狗筋蔓	*Silene baccifera*
465	石竹科	卷耳属	簇生泉卷耳	*Cerastium fontanum*
466	石竹科	石头花属	圆锥石头花	*Gypsophila paniculata*
467	石竹科	蝇子草属	麦瓶草	*Silene conoidea*
468	鼠李科	勾儿茶属	勾儿茶	*Berchemia sinica*
469	鼠李科	勾儿茶属	铁包金	*Berchemia lineata*
470	鼠李科	雀梅藤属	雀梅藤	*Sageretia thea*
471	薯蓣科	薯蓣属	参薯	*Dioscorea alata*
472	薯蓣科	薯蓣属	穿龙薯蓣	*Dioscorea nipponica*
473	薯蓣科	薯蓣属	日本薯蓣	*Dioscorea japonica*
474	薯蓣科	薯蓣属	薯莨	*Dioscorea cirrhosa*
475	檀香科	百蕊草属	百蕊草	*Thesium chinense*
476	桃金娘科	桉属	桉	*Eucalyptus robusta*
477	桃金娘科	桉属	柠檬桉	*Eucalyptus citriodora*
478	藤黄科	金丝桃属	小连翘	*Hypericum erectum*
479	天南星科	魔芋属	魔芋	*Amorphophallus konjac*
480	天南星科	芋属	芋	*Colocasia esculenta*
481	天南星科	重楼属	七叶一枝花	*Paris polyphylla*
482	五加科	刺楸属	刺楸	*Kalopanax septemlobus*
483	五加科	楤木属	楤木	*Aralia elata*
484	五加科	楤木属	棘茎楤木	*Aralia echinocaulis*
485	仙人掌科	仙人掌属	仙人掌	*Opuntia dillenii*
486	苋科	地肤属	地肤	*Kochia scoparia*
487	苋科	莲子草属	莲子草	*Alternanthera sessilis*
488	苋科	千日红属	银花苋	*Gomphrena celosioides*
489	苋科	千针苋属	千针苋	*Acroglochin persicarioides*
490	苋科	苋属	刺苋	*Amaranthus spinosus*
491	苋科	苋属	反枝苋	*Amaranthus retroflexus*
492	苋科	苋属	老鸦谷	*Amaranthus cruentus*
493	苋科	苋属	苋	*Amaranthus tricolor*
494	香蒲科	菖蒲属	菖蒲	*Acorus calamus*
495	香蒲科	菖蒲属	金钱蒲	*Acorus gramineus*
496	香蒲科	香蒲属	香蒲	*Typha orientalis*
497	香蒲科	香蒲属	长苞香蒲	*Typha domingensis*
498	小檗科	十大功劳属	十大功劳	*Mahonia fortunei*
499	小檗科	十大功劳属	长柱十大功劳	*Mahonia duclouxiana*
500	小檗科	小檗属	大叶小檗	*Berberis ferdinandi-coburgii*

续表

序号	科名	属名	种名	学名
501	小檗科	小檗属	鲜黄小檗	*Berberis diaphana*
502	小二仙草科	小二仙草属	小二仙草	*Gonocarpus micranthus*
503	玄参科	鞭打绣球属	鞭打绣球	*Hemiphragma heterophyllum*
504	玄参科	地黄属	地黄	*Rehmannia glutinosa*
505	玄参科	来江藤属	来江藤	*Brandisia hancei*
506	玄参科	马先蒿属	返顾马先蒿	*Pedicularis resupinata*
507	玄参科	马先蒿属	穗花马先蒿	*Pedicularis spicata*
508	玄参科	马先蒿属	藓生马先蒿	*Pedicularis muscicola*
509	玄参科	母草属	宽叶母草	*Lindernia nummulariifolia*
510	玄参科	母草属	陌上菜	*Lindernia procumbens*
511	玄参科	母草属	母草	*Lindernia crustacea*
512	玄参科	泡桐属	泡桐	*Paulownia fortunei*
513	玄参科	婆婆纳属	婆婆纳	*Veronica polit*
514	玄参科	婆婆纳属	直立婆婆纳	*Veronica arvensis*
515	玄参科	肉果草属	肉果草	*Lancea tibetica*
516	玄参科	松蒿属	松蒿	*Phtheirospermum japonicum*
517	玄参科	通泉草属	匍茎通泉草	*Mazus miquelii*
518	玄参科	通泉草属	早落通泉草	*Mazus caducifer*
519	玄参科	芯芭属	光药大黄花	*Cymbaria mongolica*
520	玄参科	阴行草属	腺毛阴行草	*Siphonostegia laeta*
521	玄参科	醉鱼草属	巴东醉鱼草	*Buddleja albiflora*
522	玄参科	醉鱼草属	紫花醉鱼草	*Buddleja fallowiana*
523	旋花科	番薯属	三裂叶薯	*Ipomoea triloba*
524	旋花科	番薯属	五爪金龙	*Ipomoea cairica*
525	旋花科	飞蛾藤属	飞蛾藤	*Dinetus racemosus*
526	旋花科	马蹄金属	马蹄金	*Dichondra micrantha*
527	旋花科	菟丝子属	菟丝子	*Cuscuta chinensis*
528	旋花科	心萼薯属	毛牵牛	*Aniseia biflora*
529	荨麻科	冷水花属	冷水花	*Pilea notata*
530	荨麻科	水麻属	长叶水麻	*Debregeasia longifolia*
531	荨麻科	荨麻属	荨麻	*Urtica fissa*
532	鸭跖草科	蓝耳草属	蓝耳草	*Cyanotis vaga*
533	鸭跖草科	水竹叶属	水竹叶	*Murdannia triquetra*
534	鸭跖草科	鸭跖草属	大苞鸭跖草	*Commelina paludosa*
535	鸭跖草科	鸭跖草属	饭包草	*Commelina benghalensis*
536	杨柳科	柳属	旱柳	*Salix matsudana*
537	杨柳科	柳属	柳	*Salix babylonica*
538	杨柳科	柳属	山毛柳	*Salix permollis*
539	杨柳科	柳属	皂柳	*Salix wallichiana*
540	杨柳科	杨属	加杨	*Populus canadensis*
541	杨柳科	杨属	毛白杨	*Populus tomentosa*

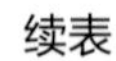
续表

序号	科名	属名	种名	学名
542	杨柳科	杨属	响叶杨	*Populus adenopoda*
543	杨柳科	杨属	云南白杨	*Populus yunnanensis*
544	野牡丹科	野牡丹属	野牡丹	*Melastoma malabathricum*
545	榆科	朴属	朴树	*Celtis sinensis*
546	榆科	榆属	榆树	*Ulmus pumila*
547	鸢尾科	庭菖蒲属	庭菖蒲	*Sisyrinchium rosulatum*
548	鸢尾科	鸢尾属	扁竹兰	*Iris confusa*
549	鸢尾科	鸢尾属	鸢尾	*Iris tectorum*
550	远志科	远志属	苦远志	*Polygala sibirica*
551	远志科	远志属	远志	*Polygala tenuifolia*
552	芸香科	花椒属	花椒	*Zanthoxylum bungeanum*
553	芸香科	花椒属	野花椒	*Zanthoxylum simulans*
554	芸香科	花椒属	竹叶花椒	*Zanthoxylum armatum*
555	芸香科	吴茱萸属	吴茱萸	*Tetradium ruticarpum*
556	樟科	木姜子属	假柿木姜子	*Litsea monopetala*
557	樟科	木姜子属	木姜子	*Litsea pungens*
558	紫草科	琉璃草属	倒提壶	*Cynoglossum amabile*
559	紫草科	琉璃草属	小花琉璃草	*Cynoglossum lanceolatum*
560	棕榈科	棕榈属	棕榈	*Trachycarpus fortunei*
561	酢浆草科	酢浆草属	黄花酢浆草	*Oxalis pescaprae*
562	酢浆草科	酢浆草属	美丽酢浆草	*Oxalis pulchella*

中文名索引

E

F

G

H

J

K

L

M

N

N

O

P

Q

Y

Z

学名索引

I

J

K

L

M

N

R

S

T